JN094004

全く何の経験もツテもない自分が

銃を所持するのなんて無理だと思っていませんか？

実は大丈夫なんです！

猟銃等講習会初心者講習考査調査班

●注意

(1) 本書は著者が独自に調査した結果を出版したものです。

(2) 本書は内容について万全を期して作成いたしましたが、万一、ご不審な点や誤り、記載漏れなどお気付きの点がありましたら、出版元まで書面にてご連絡ください。

(3) 本書の内容に関して運用した結果の影響については、上記(2)項にかかわらず責任を負いかねます。あらかじめご了承ください。

(4) 本書の全部または一部について、出版元から文書による承諾を得ずに複製することは禁じられています。

(5) 本書に記載されているホームページのアドレスなどは、予告なく変更されることがあります。

(6) カバー・表紙の画像は海外で撮影されたものです。

Guidebook for Shooting

クレー射撃、狩猟へのファーストステップ!

猟銃等講習会（初心者講習）考査

絶対合格テキスト&予想模擬試験5回分

第6版

取材協力：一般社団法人 日本猟用資材工業会
執筆：猟銃等講習会初心者講習考査調査班

秀和システム

CONTENTS

予想模擬試験

猟銃・空気銃の魅力を知ろう！

『銃砲』という道具は素晴らしい発明品である一方、扱い方を誤ると危険な物ともなります。こういった特性から、銃砲を所持するには一定の条件を満たさなければなりません。本書はそのための本です。無事に所持許可が出るとその先には魅力あふれる世界が広がっています。

1.『狩猟』を楽しめます！

銃砲を所持することでできることの一つに「**狩猟（ハンティング）**」があります。中でも、「散弾銃」と呼ばれる銃砲を所持すれば、カモやキジ、キジバトといった〝鳥類〟を捕獲することができます。

大空を舞う鳥を散弾銃で撃ち落とすハンティングはまさしく超・豪快！エキサイティングなアウトドアを楽しむことができます！

ライフル銃やハーフライフル銃、また散弾銃でも「スラッグ弾」と呼ばれる単発弾や「大型散弾実包」を使うことで、イノシシやシカといった大型獣を捕獲する猟ができます。

この大物猟には、グループを組んで狩りをする「巻き狩り」や、単独で猟場に入って獲物を仕留める「忍び猟」など、様々な狩猟スタイルがあります。

「狩猟」で忘れてはならないのが『**ジビエ**』です！狩猟で捕獲した野生鳥獣の肉は、家畜の肉とはまったく異なる味わいを持っています。エキサイティングなアウトドアを楽しめるだけでなく〝美味しいお肉〟まで手に入ることが、狩猟の大きな魅力の一つです！

狩猟は11月から2月の間にできる冬のアウトドアです。〝一生の趣味〟にもなるハンティングを楽しむことができるのは、銃砲を所持した人だけ！

2. 散弾銃では『クレー射撃』を楽しめます！

銃砲を使った射撃スポーツが楽しめるのも、銃砲を所持する魅力の一つです。中でも人気が高い『**クレー射撃**』は、高速で飛んでいく手のひらサイズのクレー・ピジョンを素早く撃ち落としていくというスポーツです。

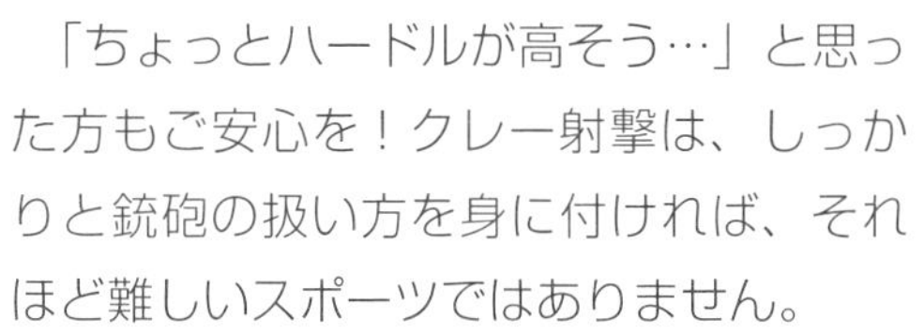

「ちょっとハードルが高そう…」と思った方もご安心を！クレー射撃は、しっかりと銃砲の扱い方を身に付ければ、それほど難しいスポーツではありません。

もちろん、「本気で突き詰めたい！」という人には、国体や〝オリンピック〟という道も用意されています。

3. 女性や身体障がい者でも『クレー射撃』を楽しめます！

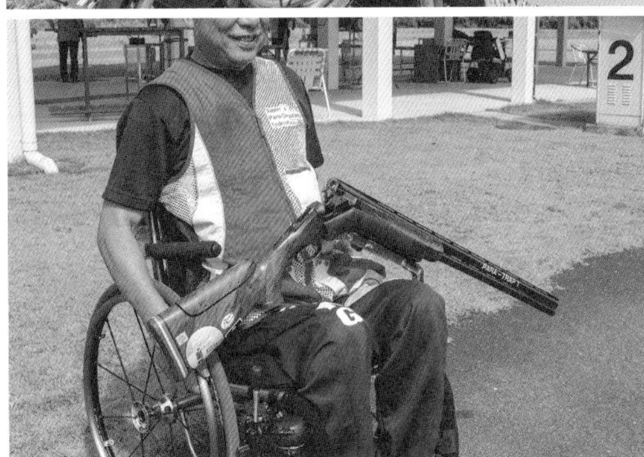

さらに、クレー射撃を始めとした『射撃スポーツ』は、年齢や性別、身体的なハンディーキャップがあったとしても楽しむことができるユニバーサルスポーツです。

4．ライフル銃等でも射撃スポーツが楽しめます！

散弾銃以外の銃砲では、『**固定標的射撃（ブルズアイシューティング）**』という射撃スポーツが楽しめます。クレー射撃とはまったく異なる、自身の体と心を極限まで集中させる〝精神力〟が、この射撃スポーツの醍醐味です！

また、『**ランニングターゲット**』という種目も人気があります。クレー・ピジョンほど高速ではありませんが、それでも左右に動く的を撃つのはなかなか難しい！自身の精神力と射撃の腕を磨き、〝スナイパー〟への道を目指しましょう！

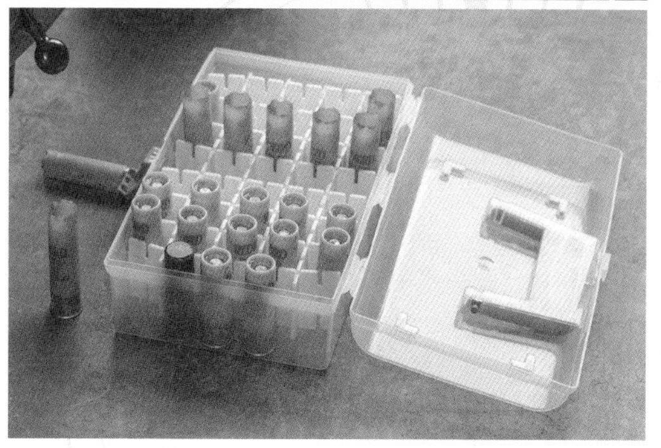

5. 空気銃でも『狩猟』を楽しめます！

ひと昔前までは「10 m固定射撃競技」か「キジバト（鳩）を撃つ狩猟」ぐらいにしか使えないと言われていた空気銃ですが、近年、『**ハイパワーPCP（プリチャージ式エアライフル）**』の登場で、本格ハンティングを楽しむことができます。

空気銃を使った狩猟では、田んぼや畑、郊外の小川や林などで、キジバトやヒヨドリ、カモ、キジといった鳥をターゲットにします。「狩猟には興味があるけど、趣味に費やす時間が少ない」という忙しい方は、ちょっとした時間で気軽に楽しむことができる『エアライフル猟』がオススメです！

6. いろんなデザインの銃砲が所持できます！

「猟銃・空気銃」と聞いて「なんだがダサそう…」と思われた方はいませんか？それは大きな誤解です！近年では狩猟・射撃スポーツに使う猟銃・空気銃の中には、スタイリッシュでカッコいいデザインの銃砲が多数登場しています。

もちろん軍用銃や危険な改造をされた銃砲を所持することはできませんが、銃砲には『スコープ』を取り付けたり、『ガンカメラ』を装着するなどのカスタムは可能です。カラーリングを変更するのも自由自在！あなた好みの銃砲で狩猟や射撃スポーツを楽しみましょう！

7. 銃砲所持への〝第一歩〟を進みましょう！

狩猟や射撃スポーツを楽しむことができる猟銃・空気銃ですが、〝銃砲〟を日本で所持することは決して簡単ではありません。

銃砲は公安委員会から〝所持許可〟を受けることで合法的に所持することができるようになるのですが、右表のように長い手続きを踏む必要があります。「銃砲を所持しよう」と動き出してから実際に所持ができるようになるまでは短くても半年以上かかりますし、手続きや講習会の申請は平日しか受け付けていないので、仕事がある人は休みを取らなくてはなりません。

また、各種講習や申請にかかる費用は、銃砲本体を中古で安く購入できたとしても〝総額20万円〟近くかかります。さらに、無事に銃砲を所持できたとしても、盗難や紛失を防ぐために、ガンロッカー等を準備しなければなりません。

しかしそのような壁があるからこそ、銃砲を所持したときの喜びもひとしおです。そして銃砲を所持するハードルが高いからこそ、狩猟や射撃スポーツは〝普通の人では味わえない〟特別な世界なのです。

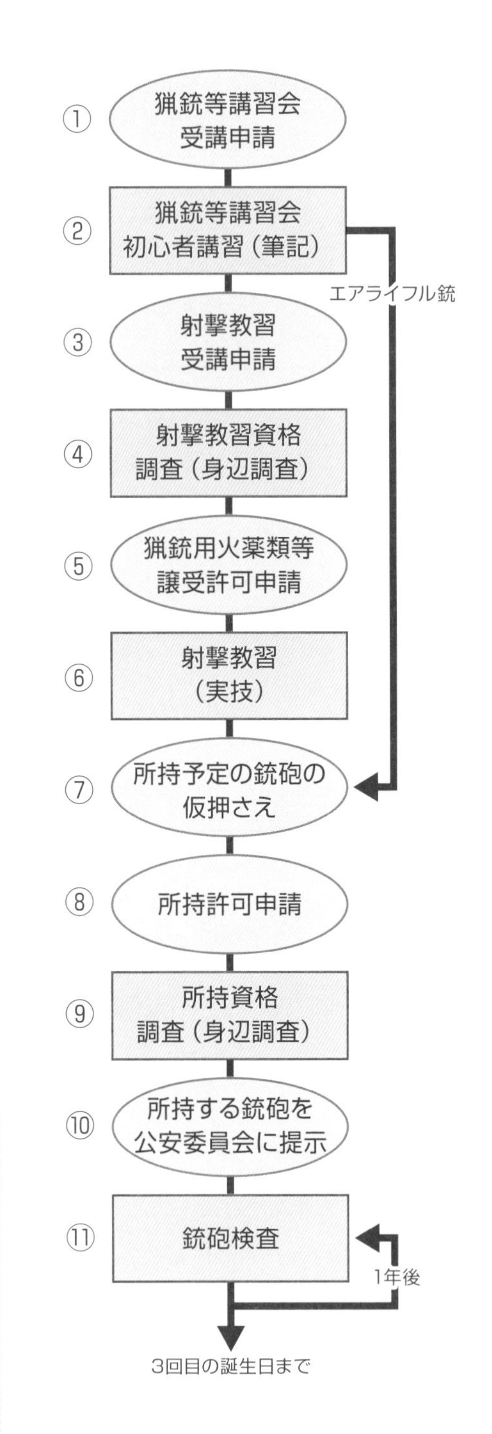

「銃砲を所持したい」と思った人は、まず**猟銃等講習会（初心者講習）**からスタートです。本書では銃砲所持の〝最初にして最大の関門〟である初心者講習の考査（テスト）対策について、ご紹介していきます。

刊行によせて

射撃競技や狩猟などに興味をお持ちの方へ
～初心者大歓迎です～

2021 年に開催された東京オリンピック・パラリンピックでは、動画配信を始め競技の一部はテレビ生放送が行われるなどもあって、射撃スポーツ業界は異例の盛り上がりを見せました。残念ながら日本人選手のメダル獲得には至りませんでしたが、それでも競技を視聴した若い人の中には、「将来、射撃競技で世界を目指したい！」と熱い志を抱いた方も少なくはなかったのではないでしょうか。

しかしながら、日本では未だに射撃スポーツをすることについて「銃砲を持つのはハードルが高い」と考える人が多いように感じます。確かに日本では銃砲の所持が厳しく規制されており、〝手軽に〟銃砲を所持できるというわけではありません。ですが、手続きさえしっかりと踏めば、ほとんどの方は問題なく銃砲を所持することができます。また、『年少射撃資格』という制度を利用すれば 10 歳から空気銃の射撃競技に参加することも可能です。

射撃スポーツに少しでも興味がある方は、初めから「自分には難しい」とあきらめたりせずに、本書を参考に銃所持許可への第一歩を歩んでいただけましたら幸いです。

猟銃・空気銃の所持は『狩猟』を目的に所持したいと考える人が増えてきています。昨今では様々なメディアで狩猟や『ジビエ』に関する話題が取り上げられ、長らく低迷していた狩猟業界に新しい風が吹きつつあると感じています。

事実、近年の狩猟免許試験では都市圏を中心に受験希望者が殺到しており、場所によっては〝受験を受けるための抽選〟があるほどだと聞いています。免許を取得された皆様が、安全に楽しく狩猟を楽しんでいただければ幸いです。

さて、私ども一般社団法人日本猟用資材工業会では、銃砲を所持されて３年未満の方を対象とした射撃練習会を開催、さらにクレー射撃や狩猟の振興のためのいろいろな施策やイベントを行っています。この本を手に取られた皆様が、無事に銃砲所持者と相成られた際には、ぜひともご参加いただけると幸いです。

皆様の銃砲所持許可取得を心から応援いたします。

一般社団法人　日本猟用資材工業会

需要振興委員会

第１編.

猟銃及び空気銃の所持に関する法令

本編では、銃（猟銃や空気銃）を所持する決まりと、具体的な手続きの方法について解説をします。
初心者講習の考査（テスト）でも複雑な法律の話が沢山でてくるので、しっかりと理解を深めておきましょう。

【第１編の構成】

第1章.

猟銃・空気銃所持者の社会的責任

この章では、「銃を所持する」ことの基本を解説します。銃所持者の心構えとして理解しておきましょう。

①「銃」に対する原則的な姿勢

すでに皆さんもご存知の通り、日本では銃を使った犯罪が起こることは滅多にありません。夜道を歩いていても銃を突き付けられて強盗にあうこともありませんし、道路で銃撃戦が始まるようなこともありません。このように日本で銃を使った犯罪が起こらないのは、**『銃砲刀剣類所持等取締法』**（通称「銃刀法」）という法規で民間人が銃を所持することを厳しく禁止しているためです。「銃は危険な物なので所持してはいけない！」これが日本国が「銃」という道具に対して示している原則的な姿勢なのです。

② 銃の所持許可制度とは？

「民間人が銃を持つのは原則的にダメ」というのが日本のルールなのですが、〝絶対に禁止〟というわけではありません。例えば、建設業界には「鋲打ち銃」、畜産業には「屠畜銃」、海難救助の現場には「救命索発射銃」といった銃が使用されており、これらの銃も「全部禁止！」にしてしまうと、社会的な不利益が生じてしまいます。

また、国民から銃を取り上げてしまうと、オリンピックの種目にもなっているクレー射撃競技やライフル射撃競技といった「射撃競技」を行うことができなくなったり、地方では田畑を荒らすイノシシやシカ、カラスといった害鳥獣に対抗する手段を失うなどの問題が起こります。

そこで日本では、「民間人は銃を持っちゃダメ！」という基本的なスタンスは維持しながらも、「国が認める用途に使うのなら、公安委員会が許可をすることで、銃を持つことを許可しましょう」という〝例外〟が設けられています。このような仕組みを、銃の「**所持許可制度**」といいます。

皆さんはこれから銃を所持するために、この「所持許可制度とはどのような決まりなのか？」を中心に学んでいくことになります。小難しい法律の話なども出てきますが、一歩ずつ理解を深めて行きましょう！

【第１編. 第１章の理解度チェック】

次の記述はすべて**間違っています**。どこが間違っているのかを答えなさい。

【例題１】
日本は、銃に対して厳しい規制が行われている。しかし、それが我が国の良好な治安維持状況と大きな関係があるとは言えない。

【例題２】
日本では、「銃砲所持禁止法」により、民間人が銃を所持することを厳しく規制している。

【例題３】
日本では、民間人が銃を所持することは全面的に禁止されており、この規制に例外は無い。

【例題４】
狩猟や射撃スポーツの用途で銃を必要とする場合、銃の「貸付制度」により、公安委員会から銃を貸し付けてもらうことができる。

【解説１】
「銃の厳しい規制は、現在の日本の良好な治安維持に貢献している」という話は、一般常識として認識しておきましょう。

【解説２】
「銃砲所持禁止法」ではなく「銃砲刀剣類所持等取締法」（通称〝銃刀法〟）です。法律の名称は正しく覚えておきましょう。

【解説３】
銃刀法では、公安委員会から一定の許可を得た人であれば、民間人でも銃の所持が認められています。全面禁止というわけではありません。

【解説４】
銃は公安委員会から借りられる「貸付制度」ではなく、許可を受けて所持ができる「所持許可制度」です。

第2章.

猟銃・空気銃の所持に関する法令

§1. 猟銃・空気銃の所持の禁止と除外事由

このセクションでは、銃の「所持」の概念を解説します。これから銃の所持許可を受ける人にとって基本となる考え方なので、必ず理解しておきましょう。

① 銃の「所持」とは？

前章で、「銃は許可を受けなければ〝所持〟できない」と述べましたが、そもそも「所持」とはどういった意味なのでしょうか？例えばAさんがお金を出して買った銃をBさんが手に持っていたとします。この場合、銃の所有権はAさんにあると思われますが、物理的に銃を持っているのはBさんです。果たして銃を〝所持〟しているのはAさんなのでしょうか？それともBさんなのでしょうか？

このような解釈の違いが生まれないように「所持」という概念は「事実上銃を自己の支配しうるべき状態に置いていること」とされています。つまり先の例で銃を所持しているのは物理的に手に持っているBさんであり、Bさんはその銃の所持許可を受けていなければなりません。例え銃のお金を出したのがAさんだとしても、Aさんはその銃を使うことはもちろん、手に取ったり、Bさんに内緒で売り払うようなこともできません。

② 「所持」には「携帯」・「運搬」・「保管」も含まれる

さて、銃の「所持」は「事実上支配している状態」と定義されているため、物理的に銃を持っている状態だけではありません。

例えば、Aさんが所持許可を受けて所持している銃をBさんに預けて、Bさんが車に乗せて運んだとします。このときBさんは物理的に銃を手に取っているわけではありませんが、目的地とは別の場所に寄って銃を隠したり、Aさんに内緒で銃に細工をしたり、といったことができてしまいます。つまりこのようなシチュエーションも、BさんはAさんの銃を「事実上支配している状態」だといえるのです。

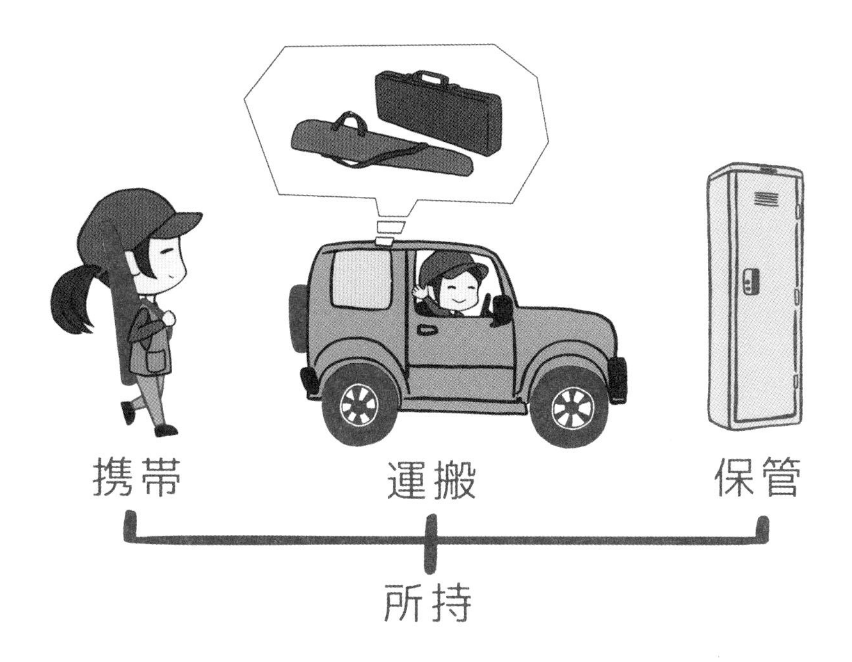

この例のように銃の「所持」には、物理的に銃を持つ〝**携帯**〟だけでなく、銃を〝**運搬**〟している状態、さらに銃を〝**保管**〟している状態も含まれます。よって銃の所持許可を受けた人は、携帯中だけでなく、車両での運搬中や自宅での保管中まで、銃に対する責任を負わなければなりません。

ちなみに、先の例でＡさんが所持している銃をＢさんに運搬させた場合、所持許可を受けていないのに銃を運搬（所持）したＢさんは銃刀法違反（所持禁止違反）として罪に問われ、その違反を「幇助した」としてＡさんも罪に問われてしまいます。

③ 所持許可を受けた者以外が銃を所持できる例外

銃は、その銃の所持許可を受けた者でなければ所持できないことが大原則ですが、許可を得ずに銃を所持できる例外に、以下のようなものがあります。

１．警官や自衛官、海上保安官などが職務のために銃を所持するとき
２．猟銃・空気銃のメーカーや販売店が業務上所持するとき
３．猟銃等保管業者が、委託保管を受けた銃を保管するため所持する場合
４．国や地方公共団体の職員が、試験研究や猟銃等講習会などで所持する場合
５．教習射撃場または練習射撃場の管理者などが、備え付けの銃を所持する場合
６．技能講習指導員が講習を受ける者の銃や、講習用の銃を所持する場合
７．射撃教習のため教習受講者や射撃教習指導員が備え付けの銃を所持する場合
８．射撃指導員が指導を受ける者の銃や射撃場備え付けの銃を所持する場合
９．年少射撃資格者が射撃指導員の元で空気銃射撃競技のために所持する場合

この例で1～6は各種業務上の理由で銃を所持する必要があるためです。これから銃の所持許可を受けようとしている皆さんには直接関係のない話ですが、いちおう考査の試験範囲に含まれている内容なので、「そんなものか」と覚えておいてください。

7は後ほど詳しく解説をする「射撃教習」において、皆さんが教習用の猟銃を一時的に所持できるようにするためです。

8は後ほど解説をする「練習射撃場制度」という話に関係してくる内容で、射撃指導員と呼ばれる人たちが、あなたの銃を手に取って、構え方や撃ち方をレクチャーできるようにするためです。

9は「年少射撃資格認定制度」という話に関係してくる内容で、P114で解説をしています。

●銃は家族であっても、所持している人しか扱えない

さて、上記に挙げた「例外」はおそらく考査が終わったら忘れてしまうような内容だと思いますが、一点だけ考査が終わったあとも忘れないで欲しい内容があります。それは上記以外に、あなたが所持する銃を〝所持できる例外は無い〟ということです。

どういうことかというと、あなたが所持している銃は、例え家族であっても、携帯、運搬、保管をさせてはいけません。実際に銃所持者の違反では、「修理のために家族に銃を運ばせた」や、「銃を保管するガンロッカーの鍵を妻に管理させていた」、「自分の子供に銃を持たせた」といったことで違反となるケースがかなり多いからです。

もちろん家族以外にも、「誰よりも信頼できる心の友」や「狩猟や射撃の先輩」であっても自身が所持している銃を人に所持させてはいけません。このことは考査が終わっても、絶対に覚えておいてください。

【第１編．第２章．§１の理解度チェック】

次の記述はすべて**間違っています**。どこが間違っているのかを答えなさい。

【例題１】
猟銃や空気銃の所持許可を得ている者が他人に銃を預けた場合、その銃を預かった者だけが法律違反となる。

【例題２】
自分が所持している銃が壊れてしまったので、すでに銃を所持している知人に銃砲店まで運んでもらった。

【例題３】
銃を所持できるのは、その銃の所持許可を受けた者だけであり、これに例外は無い。

【例題４】
尊敬する大先輩のハンターから、「君の撃ち方はちょっとおかしいから教えてあげるよ。銃を貸してごらん」と言われたので、先輩ハンターに銃を手渡した。

【解説１】
所持許可を受けた人が、その銃を他人に所持（携帯・運搬・保管）させた場合、所持した人だけでなく〝所持させた人〟も銃刀法違反の幇助で罪に問われる可能性があります。

【解説２】
たとえ銃の所持許可を受けている人であっても、許可を受けていない他人の銃を携帯・運搬・保管することは禁止されています。

【解説３】
「所持許可を受けた者しか銃を所持できない」というのが大原則ですが、練習射撃場制度や年少射撃資格認定制度などによる例外もあります。

【解説４】
自分の銃を所持（携帯）させるのは違反になります。ただし、練習射撃場や技能講習で、射撃指導員や技能講習指導員に自分の銃を手渡すのは、例外的に認められています。

§2-1. 所持許可制度の概要

ここでは、銃を所持するための３つの原則を解説します。車の免許と銃の所持許可の違いや、猟銃・空気銃を所持するための「用途」について見て行きましょう。

① 所持許可の原則１：『一銃一許可制』

これまでに述べてきたように、銃は公安委員会から許可を受けることにより、民間人でも所持ができるようになります。とはいえ、公安委員会も「銃の許可を下さい」と言ってきた人に対して「どうぞどうぞ」と簡単に許可を出すほど甘くはありません。この所持許可制度には実に様々な決まりがあるので、それを一つずつ詳しく見て行きましょう。

●銃の所持許可と自動車の運転免許はまったく違う

まず、銃の所持許可制度の原則となっているのが『**一銃一許可制**』です。この解説に入る前に、まず自動車の運転免許を思い出してください。自動車免許は、あなたが『普通自動車免許』を所持している場合、普通自動車であればどのような車でも自由に運転できます。１つの免許で車を何台でも運転できますし、その車が家族や友人の所有物であっても、借りて運転することができます。

しかし銃の場合は、あなたが銃の所持許可を受けたからといって、所持許可を受けていない他の銃を携帯したり運搬したりすることはできません。また、他の人が所持許可を受けている銃を、新たに別の人が所持許可を受けることはできません。つまり「カーシェアリング」のように、１丁の銃を別の人と共有する「ガンシェアリング」のようなことはできないのです。このように銃の所持許可制は〝１丁の銃と１人の所有者〟を紐づける決まりになっており、複数人で所持するということはできません。

② 所持許可の原則２：『事前許可制』

車の運転免許と銃の所持許可には、もう一つ大きな違いがあります。まず車の場合は、その人が運転免許を持っていなくても、車を所持することは可能です。免許がなくても車を購入してガレージに保管しておくことができますし、「とりあえず車を購入しておいて、免許は時間ができたら取りに行こう」という考えでも問題ありません。

しかし銃の場合は、このような考え方は通用しません。具体的に銃の所持許可の流れでは、所持許可を公安委員会に申請した後に所持許可が下りるので、実際に銃を手にできるのは所持許可が下りた後になります。

●「銃を購入した後に所持許可を取る」ということはできない

例えば、亡くなった祖父の銃を引き継いで狩猟をはじめたいと思ったとしても、「とりあえず銃は自宅に保管しておき、所持許可は時間ができてから取りに行こう」ということはできません。この場合、亡くなった祖父の遺品である銃は、いったん銃砲店などに引き渡し、あなたは新たにその銃の所持許可を受けなおす、という流れになります。

また、町の銃砲店で、偶然長年憧れていた銃を見つけたとしても、「とりあえずキープするために自宅に保管しておき、後から所持許可を受けよう」ということもできません。

このように銃は、所持許可が下りるまで、その銃は所持できないという決まりになっており、これを『**事前許可制**』と呼びます。

③ 所持許可の原則３：『明確な用途』

さて、ここまでの話の中で「銃」という言葉を使ってきましたが、「銃」には色々な種類があります。例えば、拳銃や機関銃（マシンガン）、アサルトライフル、また産業用に使われる鋲打ち銃や屠殺銃、捕鯨銃、信号銃など様々です。それでは、これら銃を申請すればすべて所持許可が下りるのかというと、そういうわけではありません。

●「許可を受けた銃を何に使うか？」を明確にできなければならない

まず、銃を所持するためには「明確な用途」が必要になります。「明確な用途」とは、例えば産業用銃であれば、その仕事についている人が「業務に使用するため」であり、その業務を行っていない人が産業用銃を持つことはできません。

銃を使用する用途が、「**狩猟**」、「**有害鳥獣駆除**」、「**標的射撃**」のいずれかであれば、銃を所持することができます。ただし、狩猟や射撃スポーツで所持できる銃は、「**猟銃**」または「**空気銃**」と呼ばれる種類に限られており、それ以外の銃を狩猟や射撃スポーツの用途で所持することはできません。

なお、銃を所持する「明確な用途」として、例えば「泥棒から財産を守るために銃を所持したい」や「庭で空き缶を撃って遊びたい」、「アンティークな銃を部屋の飾りにしたい」といった目的は認められていません。

●「狩猟」とは？

「鳥獣の保護及び管理並びに狩猟の適正化に関する法律」（通称「鳥獣保護管理法」）のもと、決められた野生鳥獣（狩猟鳥獣）を、決められた時期（猟期）、捕獲頭数などの条件下で捕獲する行為です。詳しくは「第１編．第４章．狩猟に関する法令」で解説します。

●「有害鳥獣駆除」とは？

農林漁業等に被害を与える野生鳥獣を駆除・駆逐する活動です。具体的には、市町村の「鳥獣被害防止対策実施隊」に入ったり「鳥獣捕獲等事業」を行う法人に雇われる、などの条件が揃うことで、銃を所持することができます。詳しくは「第１編．第４章．狩猟に関する法令」で補足解説をします。

●「標的射撃」とは？

国から「射撃場」と指定された場所で、的に向かって銃を発射することです。主にクレー射撃とライフル射撃に分類されます。なお、自宅の敷地内で空き缶やスイカなどを的にして撃つ行為（プリンキング）は標的射撃ではありません。「ピストル射撃」も標的射撃に含まれますが、拳銃や空気拳銃の所持は、猟銃・空気銃の所持とは別の制度になっています。

【第１編．第２章．§2-1の理解度チェック】

次の記述はすべて**間違っています**。どこが間違っているのかを答えなさい。

【例題１】
銃の所持許可を受けた者は、２丁め以降の銃は自由に所持することができる。

【例題２】
狩猟の先輩ハンターが猟銃を譲ってくれるとのことなので、とりあえず銃を受け取って自宅で保管し、後日その銃の所持許可申請を行った。

【例題３】
猟銃・空気銃を所持するためには「狩猟、有害鳥獣駆除、標的射撃」のいずれかの用途が必要であるが、高級な銃に限っては例外として、調度品やコレクションの用途で所持できる。

【例題４】
「標的射撃」とは、指定射撃場や自宅敷地内で動物以外の的を射撃する行為である。

【解説１】
たとえ銃を所持している人であっても、２丁め以降の銃を所持する場合は、その銃の所持許可を新たに受けなければなりません。一銃一許可制です。

【解説２】
銃は、必ず譲り受ける前（他人から貰う、銃砲店で購入する、遺品として受け継ぐなどの前）に所持許可を受けておかなければなりません。事前許可制です。

【解説３】
どのような理由であっても、「狩猟、有害鳥獣駆除、標的射撃」以外の用途で猟銃・空気銃を所持することはできません。

【解説４】
「標的射撃」は国から指定を受けた「射撃場」で行うクレー射撃やライフル射撃などであり、それ以外の場所で標的を撃つ行為は禁止されています。例え自宅の敷地内であっても、的を撃って遊んではいけません。

§2-2. 人に対する欠格事由

ここでは、猟銃・空気銃を所持するうえで、「こんな人は所持許可を出しません」という欠格事由について解説をします。細かな数字が出てくるので、整理しながら覚えておきましょう。

①『欠格事由』とは？

先に、猟銃や空気銃は所持する用途が「狩猟・有害鳥獣駆除・標的射撃」であれば所持できると述べましたが、実際は〝誰でも〟所持許可が下りるわけではありません。例えば、あなたの近所に、いつも酒で酔っぱらって怒鳴り声をあげているような素行の悪いオジサンがいたとします。このような人が「狩猟をはじめるから、猟銃を持つぜ！ガハハ！」なんて言い出したら、あなたは不安に感じませんか？このように、銃は所持しているだけで周囲に不安感を与える物なので、「こんな人は所持許可を出せません！」という決まりがあります。この決まりのことを**欠格事由**と呼び、以下のような事由があります。

②『年齢』に関する欠格事由

まず、猟銃・空気銃を所持できる年齢について、欠格事由が次の様に定められています。

1．猟銃については**20歳未満**、空気銃に関しては**18歳未満**の者。

上記の通り、猟銃の場合は20歳以上、空気銃の場合は18歳以上でなければ、許可を受けることができません。なお、狩猟に必要な「狩猟免許」は20歳以上でないと受けられないため、「狩猟の用途で空気銃を所持したい」場合は、実質20歳以上からでなければ空気銃の所持許可は下りません。

なお、年齢に関しては次のような例外があります。

１）**猟銃**については、『**国民体育大会**』で猟銃を用いた射撃を行う選手・選手候補者として、『**日本スポーツ協会の加盟地方団体**』から推薦を受けた人は『**18 歳以上**』から所持許可を受けられる。
２）**空気銃**については、『**オリンピック競技などの国際的な規模で開催される大会**』で空気銃を用いた射撃を行う選手・選手候補者として、『**日本スポーツ協会**』から推薦を受けた人は『**14 歳以上**』から所持許可を受けられる。
３）**空気銃**については、『**国民体育大会**』で空気銃を用いた射撃を行う選手・選手候補者として、『**日本スポーツ協会の加盟地方団体**』から推薦を受けた人は『**10 歳以上 18 歳未満**』の者でも所持できる。ただしこの所持は〝限定的〟な所持であり、自宅に保管などはできない（詳しくは『年少射撃資格認定制度』で解説）。

これは、射撃スポーツを普及させるために用意された例外です。ちなみに「**日本スポーツ協会**」とは、旧称「**日本体育協会**」のことで、2018 年に名称が変更されています。

③『身分、住所』に関する欠格事由

２．破産手続き開始の決定を受けて復権をしていない者（法律で定める破産者）。
３．住所の定まらない者。

２は、自己破産の手続きが開始されると、所持している様々な資格が使えなくなります。よって、この破産手続き中である人は銃の所持許可を受けることができません。

ただし、「免責許可の決定が確定した」などで破産状態から回復（復権）した場合は、再び所持許可を受けることができるようになります。

３は、いわゆる「住所不定」の状態では所持許可が下りません。

④『精神障害や中毒者など』に関する欠格事由

４．総合失調症や、そううつ病（そう病・うつ病を含む）、てんかんなど、精神障害や意識障害をもたらして銃の扱いに支障をきたす病気にかかっている者。
５．介護保険法に規定する認知症（脳血管疾患やアルツハイマー病など）である者。また、75 歳以上で認知症検査を受けない・検査命令に応じない者。
６．アルコール、麻薬、大麻、あへん、覚せい剤の中毒者。
７．是非弁別能力や判断能力に問題がある（心神が喪失・衰弱して、善悪の判断ができないなどの）者。

上記事由に該当していないことの証明には、医師の診断書が必要になります。

⑤『素行』に関する欠格事由

8.『他人の生命や財産を害するおそれがある』と認められるに足りる〝相当の理由〟がある者。
9.『自殺するおそれがある』と認められるに足りる〝相当の理由〟がある者。

銃の所持許可には公安委員会による〝**身辺調査**〟が行われます。この調査では警察官が、同居人や親族、友人、近隣住民などに聞き取り調査をするのですが、その際に「あの人は日ごろからちょっと…」という話が出ると、この欠格事由に該当する可能性があります。

どの程度で欠格事由に該当するかは明確な基準がありませんが、おそらく先の例の「素行の悪いオジサン」は、この欠格事由に該当して銃を所持することができないはずです。

⑥『暴力団関係者』に関する欠格事由

10. 集団的・常習的に暴力的不法行為などの行為を行うおそれがあると認められるに足りる〝相当の理由〟がある者。

これはいわゆる「暴力団関係者」などの反社会的組織に属すると認められる場合に該当します。実際に本人が暴力団に所属していなくても、暴力団が運営する組織で働いていたり、自宅に暴力団関係者が出入りしているような場合でも、該当する可能性があります。

⑦『過去に所持許可を取り消されている場合』に関する欠格事由

11. 過去に銃の所持許可の**取消し処分**（**銃刀法・火取法違反**）を受けて『**5年**』を経過していない者。
12. **人の生命や身体を害する罪**（例えば殺人罪や傷害罪、強盗罪など）、または**銃砲刀剣類を使った凶悪な罪**で『**3年以上の懲役や禁錮刑**』以上に処せられて所持許可を失効した日から『**10年**』を経過していない者。
13. **年少射撃資格の認定を取り消された日**から、11と同様の場合は『**5年**』、12と同様の場合は『**10年**』を経過していない者。

上記事由は、過去に銃を所持していた人が、銃刀法や火取法違反（火薬類取締法）を犯して所持許可を取り消された場合や、傷害などの凶悪な罪を犯した場合、所持許可が取り消されてから一定期間、所持許可を受けることができません。銃の取消しに関しては『第1編．第2章．§5．指示及び所持許可の取消し』で詳しく解説をします。

また、銃の取消しに関しては次のような事由も含まれます。

14. 所持許可の取消しの聴聞会の期日・場所が公示された日から、その処分をする日（または処分をしないことを決定する日）までの間に、その処分にかかる銃を他人に譲渡するなどして、『所持しないこととなった日から５年』を経過していない者。12 に該当する場合は『10 年』。

かいつまんで解説をすると、銃の所持許可制度では公安委員会から〝取消し〟の処分が行われる前に、それに不服を申し立てる「聴聞」と呼ばれる席が設けられます。この期間中に銃を銃砲店に売り払うなどして〝自分の意思〟で手放すと〝取消しの対象となる銃が無くなる〟ため、欠格期間のペナルティも対象外になってしまいます。しかしそれはまかりならない話なので、このような決まりが設けられています。いわゆる法律の穴を突いた〝処分逃れ〟を防ぐためのものです。

⑧『犯罪歴』に関する欠格事由

15. 『**禁錮以上の刑**』に処せられた人で、その刑の執行を終わり、または執行を受けることがなくなった日から『**５年**』を経過していない者。

15 は、どのような罪でも「禁錮以上の刑」を受けた場合に適用されます。例えば「名誉棄損」で罰金刑を受けた場合は欠格事由に当てはまりませんが、禁錮または懲役となると欠格事由に当てはまります。この場合、出所した日から５年間が欠格期間になります。

なお、刑罰の種類には次のような種類があり、下に行くほど罪は重くなります。

- **科料**：1,000 円以上１万円未満のお金を納付（「とがりょう」と読む）
- **拘留**：１日以上 30 日未満の間、身体を拘束
- **罰金**：１万円以上のお金を納付
- **禁錮**：１カ月以上身体を拘束
- **懲役**：１カ月以上身体を拘束し、刑務作業を負う
- **死刑**：絞首して死に至らしめる

⑨『人の生命・身体を害する犯罪歴』に関する欠格事由

16. 『**人の生命・身体を害する罪**』で『**罰金刑**』に処せられ、その刑の執行を終わり、または執行を受けることがなくなった日）から『**５年**』を経過していない者。

「人の生命・身体を害する罪」とは、例えば殺人、暴行、傷害、強盗、放火、強姦、誘拐などの罪のこと。これらの罪のうち暴行や傷害で『罰金刑』に処せられた場合（※それ以外の殺人等は罰金で済むことはない）は、罰金の支払いなどが終わった日から５年が欠

格期間です。

15の事由と同じ欠格期間が「5年」ですが、人の生命や身体を傷つけるような罪を犯した場合は、禁錮刑よりも軽い罰金刑から欠格期間が発生します。

17.『人の生命・身体を害する罪（**懲役または禁錮3年以上**）』で、『政令に定めるものに当たる違法な行為をした日』から起算して『**10年**』を経過していない者。

16の「人の生命・身体を害する罪」で「死刑、無期もしくは3年以上の懲役・禁錮」に当たる行為を行った人は、「違法な行為をした日」（例えば、殺人や強盗などを犯した日）から数えて10年間は所持許可を得ることができません。この事由は有罪判決が下らなくても、このような行為を行った日から欠格期間が発生します。

⑩『銃砲刀剣類を使用した犯罪歴』に関する欠格事由

18.『**銃刀法違反・火薬類取締法違反**』で『**罰金以上の刑**』に処せられて、その刑の執行を終わり、または執行を受けることがなくなった日から『**5年**』を経過していない者。

銃刀法違反や火薬取締法違反で「罰金以上の刑」を受けた場合に適用されます。例えば、包丁を持って街中をウロウロしているところを捕まり、銃刀法違反として罰金刑になった場合は、罰金を支払ってから5年間は銃を所持することはできません。

19.『**銃砲刀剣類等を使用**』して『**懲役または禁錮3年以上**』にあたる行為を行った者は、『政令に定めるものに当たる違法な行為をした日』から起算して『**10年**』を経過していない者。

17と似ていますが、19は例え人の生命や身体を害さなくても、「銃砲刀剣類を使用した犯罪」で「死刑、無期もしくは3年以上の懲役・禁錮」を犯した場合に適用されます。この場合も、違法な行為をした日から10年間が欠格期間になります。

⑪『ストーカー行為・DV行為』に関する欠格事由

20.『配偶者からの暴力の防止及び被害者の保護等に関する法律』（通称「**DV防止法**」）による〝**命令を受けた日**〟から起算して『**3年**』を経過していない者。

21.『ストーカー行為等の規制等の法律』（通称「**ストーカー規制法**」）による〝**警告・命令を受けた日**〟から起算して『**3年**』を経過していない者。

DV 防止法で警察から「接近禁止命令」などが出された人、また、ストーカー規制法で警察から「つきまとい等の警告」や「つきまとい等の禁止命令」を出された人は、その命令を受けた日から３年間は銃の所持許可を受けることができません。

⑫『虚偽の申請』に関する欠格事由

22. 所持許可の申請書や添付書類中の重要な事項について『虚偽の記載』をする、または事実を記載しなかったもの。

銃の所持許可を申請する際に、自身の経歴書や犯罪歴などに嘘の記載をした場合は、所持許可を受けることはできません。

⑬『銃の保管設備』に関する欠格事由

23. 銃砲を所持しようとする者の銃保管設備が「内閣府令で定める基準」を満たさない場合。ただし、猟銃等保管業者に委託する場合はこの限りではない。

銃を所持する人は、銃の保管設備（ガンロッカーなど）を備え付けていなければなりません。ただし、猟銃等保管業者（銃砲店など、猟銃や空気銃を預かってもらえる場所）に預ける場合は、保管設備を自宅に備え付ける必要はありません。

保管設備には基準があるのですが、これについては『第２編. ３章. §3. 猟銃・空気銃の保管の一般準則』で詳しく解説をします。

⑭ 許可されない〝場合がある〟相対的欠格事由

「**相対的欠格事由**」とは、「これに当てはまると所持許可が下りない〝可能性がある〟」とした事由です。これまでに述べた②〜⑬は、当てはまった場合は絶対所持許可が下りないため「絶対的欠格事由」と呼ばれます。

相対的欠格事由は、「**あなたと同居する親族**（配偶者の場合は婚姻届けの有無にかかわらず）」が次に該当する場合、所持許可が下りない可能性があります。

１）④の精神疾患、アルコール・薬物中毒、認知症等、是非弁別能力や判断能力に問題がある場合。
２）⑤の他人の生命や財産を傷つけたり、自殺の可能性がある場合。
３）⑥の暴力団関係者などの違法行為を行う恐れがあると認められる場合。
４）⑪のＤＶ防止法やストーカー規制法の警告・命令を受けている場合。

【第１編．第２章．§2-2の理解度チェック】

次の記述はすべて**間違っています**。どこが間違っているのかを答えなさい。

【例題１】
猟銃・空気銃の所持許可は 20 歳以上から受けることができる。

【例題２】
精神障害など一定の病気、または四肢欠損などの身体的障害を持つ人は、猟銃や空気銃の所持許可を受けることができない。

【例題３】
申請者がアルコールや薬物などの中毒者であった場合、都道府県公安委員会は所持許可を出さないこともある。

【例題４】
一度でも猟銃や空気銃の所持許可を取り消された人は、猟銃や空気銃の所持許可を受けることができない。

【例題５】
スピード違反で 10 万円の罰金をしはらった者は、罰金を支払った日から５年間は、猟銃や空気銃の所持許可を受けることができない。

【例題６】
配偶者からの暴力の防止及び被害者の保護に関する法律に基づく禁止命令を受けた人は、その命令を受けた日から５年間は、猟銃や空気銃の所持許可を受けることができない。

【例題７】
強盗や傷害などの凶悪な罪に当たる違法な行為をした人は、その行為をした日から起算して 20 年間、猟銃の所持許可を受けることができない。

【例題８】
同居中の弟がストーカー行為で警告または命令を受けて３年を経過していないため、その兄である自分が猟銃・空気銃の所持許可をしても絶対に許可は下りない。

【解説１】

空気銃の所持許可は 18 歳以上から受けることができます。なお、日本スポーツ協会から推薦を受けた人は『14 歳以上』から。年少射撃資格認定制度を利用すれば、10 歳からでも限定的に空気銃を所持することができます。

【解説２】

所持許可制度には身体的障害に関する欠格事由はありません。そのためクレー射撃には、身体障碍者による「パラクレー」という競技もあります。

【解説３】

アルコールや薬物などの中毒者である人は、絶対に所持許可を受けることはできません。

【解説４】

所持許可を取り消された人は欠格期間があるだけで、二度と所持できないわけではありません。欠格期間は取消し処分を受けた事由により変わります。

【解説５】

「生命または身体を害する罪」や銃刀法違反などで罰金刑となった場合、欠格期間は５年間と定められています。しかし、スピード違反（道路交通法違反）に関しては、その定めに当てはまりません。

【解説６】

「DV 防止法」や「ストーカー規制法」による欠格期間は、命令や警告を受けた日から３年間です。

【解説７】

「生命または身体を害する罪」（例えば傷害や強盗など）で「死刑、無期もしくは３年以上の懲役・禁固」にあたる罪を犯した場合は、違法な行為をした日から起算して 10 年間、所持許可を受けることができません。〝20 年間〟ではありません。

【解説８】

この場合、弟は「絶対的欠格事由」にあたるため所持許可を受けることはできませんが、同居親族である兄は「相対的欠格事由」に当たるため、公安委員会の判断により銃の所持許可が下りる〝可能性〟はあります。

§2-3. 銃に対する欠格事由

ここでは、狩猟や射撃スポーツの用途で所持許可の対象となる『猟銃・空気銃』の基準について詳しく見て行きます。先の項目と同じく細かな数字が沢山出てくるので、一つずつ整理をしながら読み進めて行きましょう。

①『猟銃』とは？

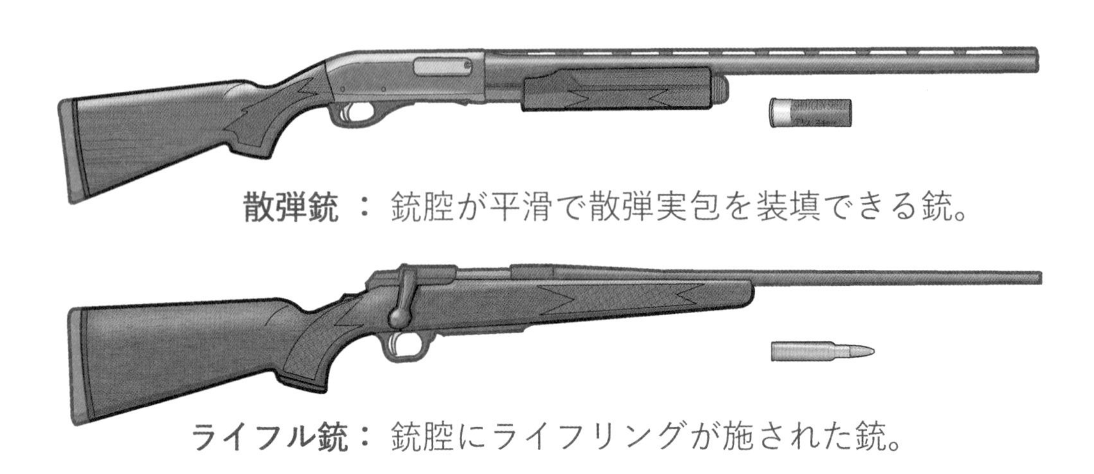

散弾銃：銃腔が平滑で散弾実包を装填できる銃。

ライフル銃：銃腔にライフリングが施された銃。

私たちが狩猟や射撃スポーツで所持ができる『猟銃・空気銃』には、明確な決まりがあり、この基準から外れる銃は所持許可を受けられません。

まず『猟銃』は、「弾丸を発射するエネルギー源として火薬を使用し、狩猟や、有害鳥獣駆除、又は標的射撃に用いられる銃」とされています。このような火薬を利用して弾を発射する銃は〝装薬銃〟と呼ばれており、この装薬銃に属する「**散弾銃**」、「**ライフル銃**」、「**ライフル銃及び散弾銃以外の猟銃**」の３種類が「猟銃」に該当します。「ライフル銃及び散弾銃以外の猟銃」については話がちょっと複雑になるので、とりあえず「猟銃」として所持許可の対象となるのは「散弾銃」か「ライフル銃」だと覚えておいてください。

②『空気銃』とは？

「空気銃」は、先に述べた装薬銃が「火薬」を使うのに対して「空気または不燃性ガスを用いて弾丸を発射する銃」とされています。単純なように思えますが、実際はかなり分類が複雑になっています。

具体的に「空気銃」は以下のように分類されます。ひとまず猟銃・空気銃の所持許可制度では「**エアライフル**」と呼ばれる空気銃が所持許可の対象になると覚えておいてください。

●ソフトエアガン

一般的にBB弾を発射するオモチャの空気銃で、発射直後に弾が持つ威力（マズルエネルギー）が3.5J/㎠未満の場合は玩具として、自由に所持できます。なお、発射機構をもたないタイプは「モデルガン」と呼ばれています。

●準空気銃

ソフトエアガンの違法改造が問題化したことにより、2006年から3.5～20J/㎠未満のソフトエアガンが〝準空気銃〟と定義され、所持が規制されるようになりました。

●空気散弾銃

空気圧で散弾を発射する空気散弾銃は、威力がなく狩猟に不適で、かつ国内で射撃競技も行われていないので所持できません。

●エアピストル

空気圧で金属製弾を発射する拳銃（エアピストル）は、日本国内では競技用として所持できます。ただし、エアピストルを所持するためには、射撃スポーツの実績や推薦を受けるなど、厳しい条件をクリアしなければなりません。

●ハンドライフル

ハンドライフルはエアピストルにライフルストックが取り付けられた形状をしています。日本では拳銃タイプの銃の所持が非常に厳しいため、下記エアライフルと同じ基準で所持できる〝特殊形状〟の空気銃として開発されました。

●エアライフル

エアライフルは、空気圧で金属製弾を発射する空気銃で、ライフルストックが取り付けられた形状をしています。マズルエネルギーは20J/㎠以上あり、スチール缶を打ち抜けるほどのパワーを持ちます。また、近年では170～300J/㎠を超えるタイプも登場しており、20～50ｍ先の獲物でも楽々しとめられる威力を持ちます。

③ 猟銃・空気銃の欠格事由

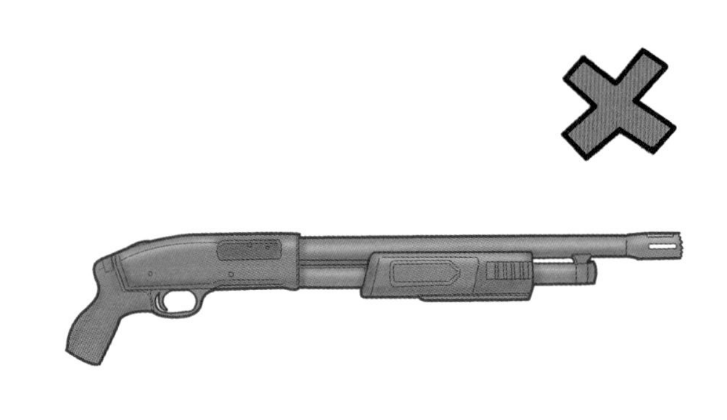

先に「散弾銃は猟銃として所持できる」と述べましたが、散弾銃には銃身が短く、銃床が折り畳み式になった「ミリタリー」や「ローエンフォースメント」と呼ばれる種類もあります。このような種類の銃砲は隠匿性が高くなる傾向がある上、射程距離が短くなるため、クレー射撃や狩猟の用途には向いていません。そのため「散弾銃」の一種ではありますが、「猟銃」として所持することはできません。

つまり銃の所持許可制度には、「人に対する欠格事由」に加え「銃に対する欠格事由」もあるということです。具体的に銃に対する欠格事由には、次のような項目があります。

④ 杖などに変装された『変装銃』

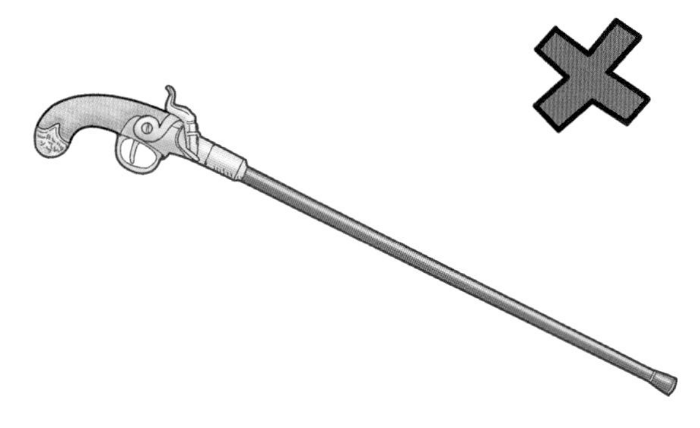

たとえ散弾銃やライフル銃、空気銃であっても、その銃が杖や傘などに見せかけるようなデザインの場合は「**変装銃**」と呼ばれており、許可の対象になりません。欠格事由となっている理由は、こういったデザインの銃は犯罪に使用される可能性が高くなるためです。

余談ですが、実を言うと「ステッキ式散弾銃」は明治時代ごろまでは「散歩のついでに鳥を撃つ猟銃」として一般的に利用されていたそうです。しかし 1923 年（大正 12 年）に起こった「虎ノ門事件」で凶器に使用されたことなどから危険性が知られるようになり、現在では猟銃として認められないようになりました。

⑤『欠陥』のある銃

機関部や銃身部に著しい欠陥のある銃、言い換えると「故障して撃てなくなっている銃」は所持許可の対象になりません。「銃身が破裂している」や「機関部の閉鎖機能が不完全」、「引き金の逆鉤（シアー）が不確実」といった欠陥が該当します。

このような銃は射手の身に危険が及ぶため所持することができません。もちろん、欠陥を修理して射撃に問題がない状態になれば、その銃の所持許可を受けることができます。

⑥『連続自動撃発式』の銃

引き金を引いた状態で弾が発射される「**連続自動撃発式**」（いわゆる「**フルオート**」）の機構を持つ銃は、所持許可の対象になりません。自動小銃（アサルトライフル）や機関銃（マシンガン）と呼ばれる銃などが、このタイプにあたります。

このような弾をバラまく機能は、狩猟や射撃スポーツに〝意味がない機能〟であるだけでなく、犯罪に利用されたときの被害が大きくなるため、許可の対象となりません。

なお、銃の構造には「自動装填式」（いわゆる「自動銃」、「セミオート」）と呼ばれるタイプもあり、これについては引き金を引きっぱなしにしていても弾は連続発射されません。そのため自動装填式の猟銃・空気銃は所持許可の対象となります。

⑦『大量の弾が装填できる弾倉』を持つ銃

銃の中には、発射準備ができた弾が入る『薬室』に加え、次弾以降の弾を充填しておく『弾倉』と呼ばれる部分を持つものもあります。このような銃の場合、弾倉に『**６発以上**（ライフル銃以外の猟銃にあっては**３発以上**）』を充填できる銃は、所持許可の対象になりません。ちょっと表現がわかりにくいので、下の表に〝許可の対象になる銃〟の弾数をまとめます。

銃の種類	弾倉に充填できる弾数	薬室に装填できる弾数	銃に装填できる弾数
ライフル銃	５発	１発	６発
散弾銃	２発		３発
ライフル銃及び散弾銃以外の猟銃	２発		３発
空気銃	５発		６発

弾は弾倉だけでなく、薬室にも１発入ります。つまり「弾倉に６発以上装填できる銃はダメ」ということは、「弾倉に５発、薬室に１発の計６発装填できる銃であれば許可される」と表現を変えることもできます。混乱しやすいので注意しましょう。

⑧『全長・銃身長』の欠格事由

「ソードオフ・ショットガン」の例で述べたように、全長が短い銃は、服の下などに隠して持ち運びやすい（犯罪に使われる可能性が高くなる）ため、欠格事由とされています。また、銃身も短すぎる場合、有効射程が短くなるため、狩猟や射撃スポーツの用途にふさわしくありません。具体的に、銃の全長や銃身長は、次を下回る長さの場合は欠格事由となります。

	銃の全長	銃身長
猟銃	93.9 ㎝以下	48.8 ㎝以下
空気銃	79.9 ㎝以下	（基準無し）

猟銃の場合は、銃の全長が 93.9 ㎝以下は欠格事由となります。逆に言うと〝94 ㎝以上〟であれば、所持許可の対象になるということです。空気銃の場合は銃全長が〝80 ㎝以上〟から所持許可の対象になります。

銃身の長さは、〝48.8 ㎝以下〟は所持許可の対象になりません。なお、猟銃の銃身は一般的に「インチ」単位で作られているため、「19 インチ（48.26 ㎝）」の銃身は許可の対象にならず、「20 インチ（50.8 ㎝）」から所持ができます。

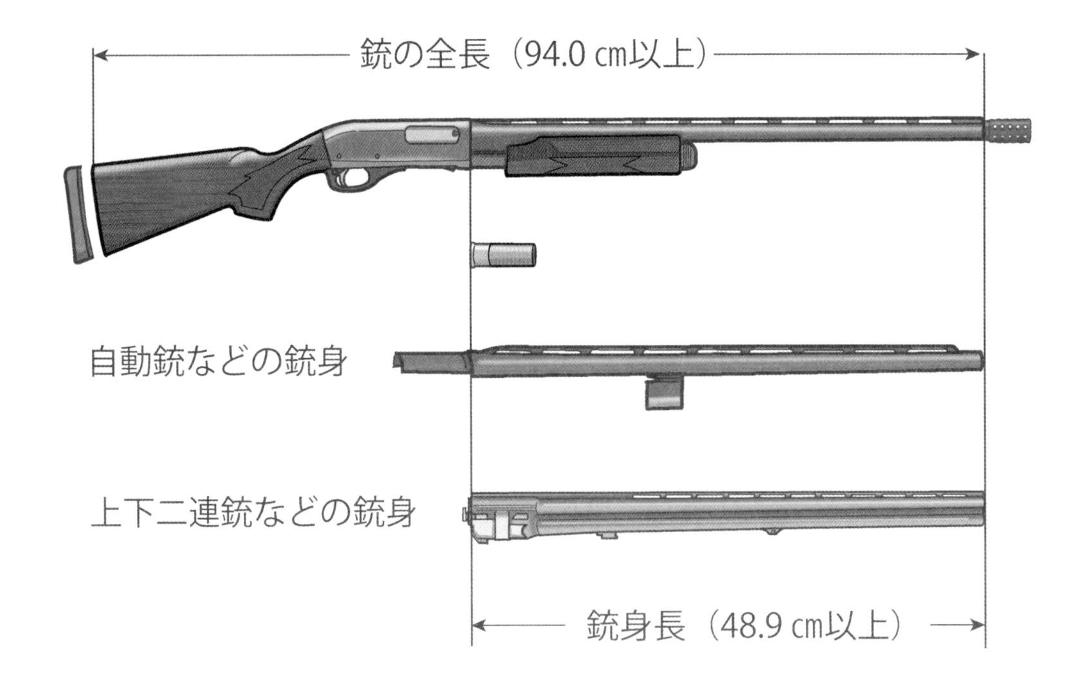

「銃の全長」や「銃身長」の基準は、上絵のようになっています。まず銃の全長は、銃床（銃を肩に当てる部分）から銃口の先までの長さで、このとき銃床に取り付けられた

パッドや、銃口に取り付けられた各種部品は取り外して計測します。銃の中には銃床を折りたためるタイプや着脱できるタイプなどがありますが、どのような場合でも「最も短くした状態」で計測します。銃身長は、散弾実包やライフル実包が収まる銃尾から銃口までの長さになります。

⑨『口径』の欠格事由

「口径」は銃身の弾が飛び出す口の直径を指します。猟銃･空気銃は次に示す口径を〝超える長さ〟は許可の対象になりません。

区分	猟銃		空気銃
	ライフル銃	ライフル銃以外の猟銃	
一般の銃	10.5㎜	12番	8㎜
もっぱら、トド、クマ、その他大きさがこれらに類する獣類の捕獲の用途に供する銃	12.0㎜	8番	

ライフル銃の場合、口径が10.5㎜以内（0.41インチ以内）であれば所持許可の対象になります。

空気銃の場合は、口径が8㎜以内であれば所持許可の対象になります。

「ライフル銃以外の猟銃」、すなわち散弾銃などは、「12番」と呼ばれる口径以下であれば所持許可の対象になります。この「**番（ゲージ）**」という表示法について詳しくは『第２編．第２章．§2．撃発機構及び安全装置』で解説をします。ここでは「12番よりも大きい散弾銃は所持許可の対象にならない」と理解しておいてください。

なお、トドやクマなどの有害鳥獣駆除などを行う人は、「国家公安委員会規則第10号」の特例により、大きな口径の猟銃を持つことが許可されています。

⑩『消音装置』の欠格事由

「消音装置」とは、発砲音を軽減するために制作された装置で、主に銃口に取り付けられるもの（サイレンサーやサプレッサーと呼ばれる）を指します。このような消音装置を取り付けることのできる銃は所持許可の対象にならず、また銃に取り付けていなくても、このような装置を所持することも禁止されています。このような消音装置を規制している目的は、暗殺などの犯罪に使用される危険性を抑えるためだと考えられます。

●チョークやコンペンセーターと混同しないように注意

サイレンサーやサプレッサーは銃口に取り付ける装置なので、しばしば「銃口に装置を取り付けるのは禁止」と思われていますが、そうではありません。例えば「コンペンセーター（銃口制退器）」と呼ばれる装置は、弾を発射したときに銃身が跳ね上がり（マズルジャンプ）を抑制する用途で取りつけられており、このような用途であれば銃口に装置を取り付けることは違反ではありません。

また、散弾銃の場合、弾の広がり（パターン）を制御する目的で「チョーク」と呼ばれる装置がよく装着されます。散弾銃の銃口制退器には「カッツ・コンペンセーター」と呼ばれる装置もよく使われています。

●空気銃の「シュラウド」は消音装置ではない

空気銃の場合、近年では「シュラウド」と呼ばれる銃身に覆いが取り付けられている物が増えています。このシュラウドもしばしば「減音を目的に装着されている」と勘違いされていますが、銃身保護と整流が主な目的なので消音装置ではありません。

【第１編. 第２章. §2-3の理解度チェック】

次の記述はすべて**間違っています**。どこが間違っているのかを答えなさい。

【例題１】
自動銃またはセミオートと呼ばれる猟銃・空気銃は、所持許可の対象とならない。

【例題２】
弾倉に実包を２発、薬室に１発の計３発を充填できる散弾銃は、所持許可の対象とならない。

【例題３】
銃の全長が 93.9 ㎝を超える猟銃、79.9 ㎝を超える空気銃は、所持許可の対象とならない。

【例題４】
銃口にサイレンサーなどの消音装置、または、可変チョークやコンペンセーターと呼ばれる装置が取り付けられる銃は、所持許可の対象とならない。

【解説１】
「連続自動撃発式」や「フルオート」の銃は所持許可の対象になりませんが、「自動銃」や「セミオート」と呼ばれるタイプは欠格事項に該当しません。

【解説２】
散弾銃の場合、弾倉に〝３発以上〟装填できる構造を持つ場合は所持許可の対象になりません。つまり弾倉に２発までなら OK です。

【解説３】
猟銃は 93.9 ㎝以下・空気銃は 79.9 ㎝以下の〝短い銃〟の場合、所持許可の対象になりません。長い分には規定はありません。

【解説４】
銃口に〝消音器〟が取り付けられる銃は所持許可の対象になりません。しかし、パターン調整を目的とした可変チョーク、または反動抑制の目的として取り付けるコンペンセーターと呼ばれる装置については、取り付けられていても問題ありません。

§2-4. 猟銃・空気銃所持許可申請の流れ

猟銃・空気銃所持許可の申請手続

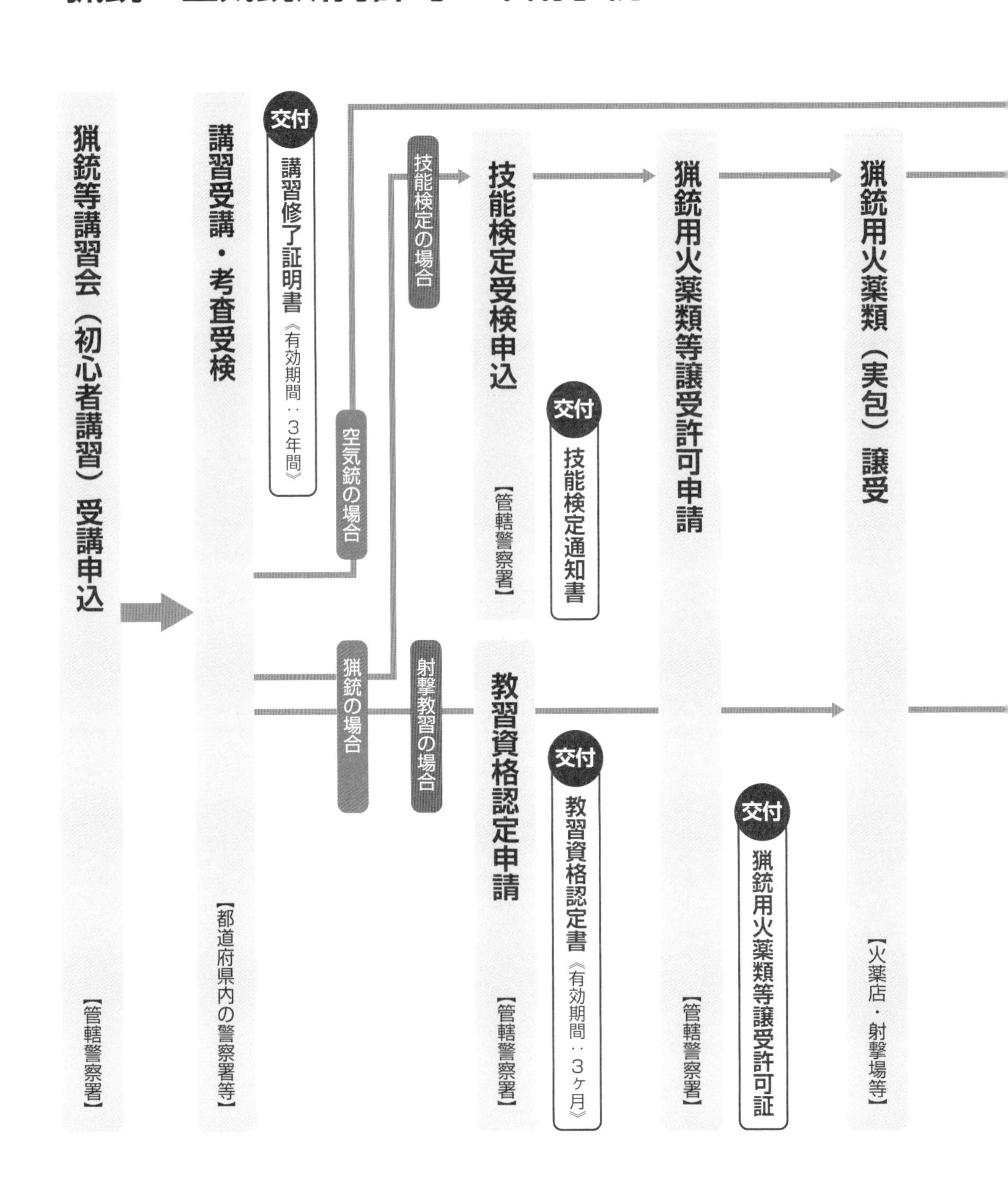

ここでは、銃を所持するまでに必要な所持許可申請の一連の流れを解説します。細かな解説に入る前に、まずは全体像を確認してイメージを固めてください。

技能検定受検【都道府県公安委員会】

交付 **技能検定合格証明書**《有効期間：1年》

射撃教習受講・考査受検【教習射撃場】

交付 **教習修了証明書**《有効期間：1年》

所持する猟銃・空気銃を選定【銃砲店など】

交付 **譲渡等承諾書**

ガンロッカーや装弾ロッカーなどの保管設備を購入
委託保管する場合は委託先を決める

猟銃・空気銃所持許可申請【管轄警察署】

交付 **猟銃・空気銃所持許可証**

所持許可申請時に75歳以上の場合

認知機能検査受検【運転免許試験場等】

猟銃・空気銃譲受【銃砲店等】

許可を受けた日から3か月以内に猟銃・空気銃を所持する。

猟銃・空気銃確認【管轄警察署】

猟銃・空気銃を所持してから14日以内に管轄警察署に持参し、確認を受ける。

① 猟銃等講習会（初心者講習）受講申請

「猟銃・空気銃を所持したい」と思い立ったら、まずは**猟銃等講習会（初心者講習）**の受講申請から始めましょう。

受講申請は、あなたの住所を管轄する警察署の『**生活安全課**』が窓口になっています。この生活安全課に、次の書類等を持参して講習会の受講申請を行いましょう。なお、生活安全課は銃の所持許可だけを扱っている部署ではないため、担当官が不在のこともよくあります。よって、事前に電話で訪問のアポイントを取るようにしましょう。

●申請に必要な書類等

猟銃等講習会の受講申請に必要なもの	1．猟銃等講習会受講申請書
	2．受講希望者の写真
	3．申請手数料（6,900円）
	4．住民票（※要確認）
	5．筆記用具、印鑑

1．書式は都道府県警察のホームページからダウンロード可能です。ただし、一部の県では対応していないこともあるので、所轄の生活安全課で書面を受けとりましょう。
2．提出前6か月以内に撮影した無帽、正面、上三分身、無背景の写真（横24㎜、縦30㎜）のもので裏面に氏名及び撮影年月日を記載したものを使います。インスタントの証明写真機で「運転免許用」と書かれている物を使うのが簡単です。
3．6,900円を都道府県ごとの収入証紙で支払います。一般的に警察署内で証紙が売られていますが、もしなければ近くで「証紙売りさばき所」を探してください。
4．住民票は基本的に必要とされないのですが、地域によっては要求されることもあるようです。事前に所轄署に確認をしておきましょう。
5．記載漏れや修正のために、筆記用具と認印を用意しておきましょう。

●受講申請時の「0次面談」

さて、講習会の申請は上記書類を提出するだけなのですが、大抵の場合この申請時に通称「0次面談」が行われます。この面談で「銃は持つのは難しいかもしれませんね…」と言われたら、残念ながら所持許可が下りることは〝まず無い〟ので諦めた方が良いでしょう。

ちなみにこの面談は、担当官によってはかなり〝圧迫感〟を出してくることもあります。銃を持ちたい理由などを尋ねられたときにマゴマゴしていると、「銃の所持は、もう少し考えられたほうが良いのではないですか？」と、暗に申請を取り下げるように促してくることもあります。もしあなたが本気で銃を所持したいのであれば、しっかりと銃を所持したい明確な理由（狩猟なのか、クレー射撃などがしたいのか）を自信をもって伝えるようにしましょう。

面談で聞かれることには地域差があるようですが、独自調査したところ、次のような質問を受けることが多いようです。犯罪歴や家族との仲などは所持許可の申請をする段階で（猟銃の場合は射撃教習の段階でも）身辺調査が行われるため、このときの証言と一致していないと判断されたら「虚偽の申請」として欠格事由に該当する可能性があります。必ず誠意を込めて正直に回答しましょう。

面談での質問例
1．なぜ銃を持ちたいの？（狩猟・有害鳥獣駆除・標的射撃の何をしたいのか？）
2．犯罪歴はある？（どのような犯罪か？何年ぐらい前の話か？）
3．お酒は飲む？（酒で暴力事件などを起こしたことは無いか？）
4．趣味はある？（銃以外にも趣味はあるか？どのような人付き合いがあるか？）
5．ギャンブルはする？（どのような種類か？ギャンブル中毒ではないか？）
6．借金はある？（住宅ローンなども含む。返済の目途は立っているか？）
7．家族仲は良好？（家族に銃を持つことを伝えてあり、同意しているか？）
8．仕事は何をしている？（無職であっても問題はないが、収入はあるか？）
9．近所との仲は良好？（地元で問題を起こしてない？人付き合いはある？）
10．病気など健康状態に不安はない？（精神面での病気・自殺衝動はないか？）

上記の面談は銃を所持した後も、年に1回の銃検査のときや、銃の更新時などで繰り返し同じ質問を受けます。あらかじめ自分の中で〝台本〟を作っておき、すらすらと言えるようにしておきましょう。

●事前に講習会の日時と場所を押さえておく

面談が終わり無事に申請を受け付けてもらえたら、講習がある日と講習場所が通知されます。講習会が開かれる場所は都道府県内の警察署が持ち回りで行うことが多いため、タイミングによっては遠くの警察署（運転免許試験場で開かれることもある）まで足を運ばなければなりません。

そこで事前に生活安全課に講習会が開かれるスケジュールを聞いておき、アクセスしやすい場所で開かれるタイミングで講習会に参加すると良いでしょう。このような情報は都道府県によってはインターネット上に公開されていることもあります。

② 猟銃等講習会（初心者講習）受講申請

猟銃等講習会初心者講習は、午前中から始まり夕方まで半日かけて行われます。講習の構成は、前半が『猟銃及び空気銃の所持に関する法令（本書の第1編相当の内容）の講義が行われ、後半は『猟銃及び空気銃の使用、保管等の取扱い』（本書の第2編相当の内容）の講義が行われます。

講義は、講習会の申請時に配布される『**猟銃等取扱読本**』（一般社団法人全日本指定射撃場協会発行）をテキストとして行われます。事前にしっかりと予習をしておきましょう。

なお、本書はこのテキストの〝副読本〟となるように構成しています。テキストの内容でわかりにくい点があれば、是非本書を開いて対応する箇所の理解を深めてください。

●しっかり予習をして考査をパスできるようにしよう！

講習の最後には、50 問の○×式テスト（考査）が行われ、45 点以上で**講習修了証明書**（有効期限３年間）が交付されます。もし不合格だと、再度講習会の申請からやり直しです。申請手数料 6,900 円を支払い、半日以上もある講習会を受けなおさなければなりません。

猟銃等講習会初心者講習の考査は、平成 27 年度よりテスト内容の新基準が設けられたため合格率は〝平滑化した〟と言われています。しかし独自の調査によると、「10 人中８人は合格していた」というところもあれば、「10 人中２人しか受からなかった」というところもあり、まだまだ難易度や合格率に地域差があるようです。

本書では５回分の予想模試を掲載しています。予想問題は警察庁から通達として出された〝基準問題〟をベースに、全国のモニターから聴取したアンケートを基に、「おそらくこのぐらいの難易度の問題が出るだろう（＋ちょっと難易度を高め）」と想定した問題を作っています。予想模試の問題がそのまま出るわけではありませんが、是非全問正解ができるように繰り返し問題を解いてもらい、一発合格を目指してください！

③ 教習資格認定申請（猟銃を所持する場合）

猟銃の所持を目指している人は、次に『**射撃教習**』の準備を始めましょう。なお、空気銃を所持する場合は、射撃教習はありません。次は『所持する予定の銃の譲渡等承諾書の取得』に進んでください。

射撃教習を受けるためには、次の書類を用意します。

教習資格認定申請に必要な書類	1．教習資格認定申請書
	2．経歴書
	3．医師の診断書
	4．同居親族書などの追加書類
	5．住民票の写し（本籍記載）
	6．破産手続開始の決定を受けて復権を得ない者に該当しない旨の市区町村長の証明書（身分証明書）
	7．講習修了証明書
	8．申請手数料（8,900円）
	9．申請者の写真
	10．筆記用具、印鑑

1～4．申請書、経歴書、診断書、同居親族書など（※所轄によって提出する書類が異なる場合がある）といった書類は、都道府県公安委員会のホームページ上で公開されています。ダウンロードして記入しましょう。公開されていない場合は生活安全課で書面を貰ってください。

3．医師の診断書は、あなたが精神病や薬物中毒などでないことを証明する書類で、『精神保健指定医』または『かかりつけの医師（歯科医師を除く）』が作成した書類が必要です。あらかじめ精神保健指定医のいる病院を探しておきましょう。

5．本籍地の記載のある住民票（家族全員分記載のもの）を用意してください。住民票は住所地を管轄する市町村役場で取得できます。最近ではマイナンバーカードを使えばコンビニでも取得することができます。

6．身分証明書は、あなたの〝本籍地〟を置く市町村役場で取得できます。そのため本籍地と離れた場所に住んでいる場合、郵送で受け取らなければなりません。手続きに数日かかるので、申請をする日に間に合うように準備をしておきましょう。

7．猟銃等講習会で取得した修了証明書です。申請時に原本を提示するだけでも良いところや、コピーを提出するよう要求されるところなど、所轄によって対応が変わります。一応、原本とコピーを用意しておきましょう。

8．猟銃等講習会の申請と同じように、都道府県の証紙を8,900円分購入します。

9．猟銃等講習会の申請と同じ写真です。証明写真は所持許可申請時や狩猟免許試験を受けるさいにも必要となるので、スマートフォンで撮影した写真をコンビニでプリントする方法を利用すると、かなりのコストダウンになります。

10．記載漏れや修正のために、筆記用具と認印を用意しておきましょう。

●ライフル銃所持の要件

射撃教習は「ライフル銃」と「ライフル銃以外の猟銃」で内容が異なりますが、ここで覚えておかなければならないのが〝ライフル銃所持の要件〟です。ライフル銃を所持するためには、以下に示す要件のうち、いずれかに当てはまっていなければなりません。

ライフル銃所持の要件	
狩猟・有害鳥獣駆除の用途の場合	(ア) ライフル銃による獣類の捕獲を職業とする者
	(イ) 事業に対する被害を防止するためライフル銃による獣類の捕獲を必要とする者
	(ウ) 継続して『10年』以上、猟銃の所持許可を受けている者
標的射撃の用途の場合	日本スポーツ協会、またはその加盟する競技団体が主催するライフル射撃競技に参加する選手、またはその候補者として、日本スポーツ協会から推薦を受けた者

要件（ア）、（イ）は、いわゆる『職業猟師（プロハンター）』でなければなりません。この要件に当てはまる人は滅多にいないと思われます。また、標的射撃でライフル銃を所持する場合は、日本スポーツ協会から推薦を受けなければならず、この推薦には空気銃やビームライフルなどの競技で一定の段級を取得していなければなりません。つまり一般の人がライフル銃を所持するためには要件（ウ）「散弾銃などを10年以上所持している状態でなければならない」を満たす必要があり、実質的に「**初心者はライフル銃を所持できない**」ということになります。

余談ですが、ひと昔前までは初心者でもライフル銃の所持は可能でした。しかし、当時ライフル銃を使った凶悪犯罪が多発したことなどから、昭和46年の法改正によりライフル銃の所持許可基準が厳格化されました。

●ライフル銃は無くても精密射撃は可能

それでは「初心者はイノシシやシカ、クマなどの大型獣を狩猟できないのか？」というと、そういうわけでもありません。散弾銃には「**スラッグ弾**」と呼ばれる、ライフル銃並みに強力な弾を使用することができます。

さらに「ライフル銃及び散弾銃以外の猟銃」と呼ばれる銃の中には、通称「**ハーフライフル銃**」や「**サボット銃**」と呼ばれるタイプがあり、これらの銃はライフル銃並みの精密性を持ちます。よってライフル銃を使えなくても、大物を狩る狩猟は可能です。

これら銃に関する詳しい話は後述するとして、ひとまず初心者は全員、**散弾銃を使ったクレー射撃の射撃教習を受ける**ということを覚えておいてください。

●教習資格認定の審査

教習資格認定の申請は、猟銃等講習会の申請と同じく、所轄警察署の生活安全課が窓口になります。あらかじめアポイントを取って出向きましょう。申請時には欠格事由などに関する〝聞き取り調査〟が行われます。このとき質問される内容は先に述べた〝0次面談〟と同じ内容なので、すでに調査を受けたことのある人はサクサクと回答して終わらせてしまいましょう。

申請の手続きが済むと、警察による身元調査や身辺調査などが行われます。身辺調査では、あなたの犯罪歴などの調査や、家族、友人、近隣住民への聞き取り調査などが行われます。この調査で欠格事由が見つかったり、申請内容に虚偽があった場合、教習資格認定の申請は下りないため、結果的に猟銃を所持することもできません。

認定の審査は通常、１カ月程度で完了します。結果が出たら連絡があるので、『**教習資格認定書**』（有効期限３か月）を受け取りに生活安全課へ足を運びましょう。

●『猟銃用火薬類等譲受許可申請』を行う

教習資格認定書の受け取りと同時に、生活安全課で『猟銃用火薬類等譲受許可』の申請も行いましょう。詳しくは『第１編．第３章．猟銃用火薬類等に関する法令』で解説をしますが、猟銃に使用する猟銃用火薬類等（要は「弾」のこと、以降は「実包」と表記する）は、許可を受けなければ購入することができません。よって射撃教習（クレー射撃）に使用する実包を購入するための申請が、この時点で必要になります。

猟銃用火薬類等譲受許可の申請は、生活安全課の窓口で申請書を書き、手数料 2,400円分の証紙を張って提出します。通常は申請書を提出してから 10 分程度で『**猟銃用火薬類等譲受許可証**』を受け取ることができるはずです。

実包の購入は、射撃教習が行われる当日に指定射撃場、または射撃場近くの銃砲火薬店などで購入します。詳しい購入先は生活安全課の窓口で教えてもらえるはずです。

●射撃教習を申し込む

教習資格認定書を受け取ったら有効期限３か月以内に、射撃教習の申し込みを行いましょう。射撃教習は「教習」の指定区分を受けた射撃場で行われます。最寄りの射撃場を調べて、直接電話で申し込み方法を確認してください。担当してくれた警察官が親切な人であれば、最寄りの教習射撃場の連絡先を教えてくれるはずです。もし、教えてくれなかったら「一般社団法人全日本指定射撃場協会」のホームページ、または猟銃等講習会で配布された「猟銃等取扱読本」の最後のほうに射撃場一覧が載っています。なお、射撃場で実包を売っているのかについても、この一覧で確認できます。

教習にかかる費用は射撃場によって異なりますが、一般的には射撃教習受講料として30,000 円程度かかります。実包の購入費も含めて 35,000 円ほど準備しておきましょう。

●射撃教習以外の『技能検定』とは？

猟銃の所持許可制度には「射撃教習を受ける」以外にも「技能検定に合格する」という方法もあります。この『**技能検定**』とは、教習時間が無い〝試験だけ〟の制度で、自動車免許でいう「自動車教習所に通わずに免許センターで実技試験を受ける〝一発試験〟」と同じような仕組みです。

技能検定は検定手数料 22,000 円と、射撃教習を受けるよりも費用が安くなります。しかし実際のところ、「初心者が技能検定を受けて合格した」という事例はまったくありません。技能検定については「過去に所持していた人が何かしらの理由で再度受けなおす必要ができたときの特例」として用意されているだけなので、初心者はよほどの例外を除いて、全員が射撃教習を受けることになります。

④ 射撃教習を受ける（猟銃を所持する場合）

射撃教習は３部に分かれており、前半は銃の安全な取り扱い方に関する講義が行われ、その後に実射による練習、最後に考査が行われます。

<table>
<tr><th colspan="2">科目</th><th>事項</th></tr>
<tr><td colspan="2">猟銃の操作</td><td>1．猟銃の保持のしかた
2．猟銃の安全点検・分解・結合など
3．実包の装填・抜き出し、その他実包の取扱い
4．射撃姿勢及び動作</td></tr>
<tr><td rowspan="2">猟銃の射撃</td><td>散弾銃</td><td>クレー射撃による銃の安全な取り扱いや、射撃姿勢・発射方向・実射など</td></tr>
<tr><td>ライフル銃</td><td>固定標的射撃による銃の安全な取り扱いや、射撃姿勢・発射タイミング・実射など</td></tr>
<tr><td rowspan="3">考査</td><td>猟銃の操作・猟銃の射撃</td><td>『猟銃の操作』と『猟銃の射撃』で教習を受けた内容を守ること（減点 20 点以内）</td></tr>
<tr><td>散弾銃</td><td>トラップ射撃：25 発中 2 発の命中、または
スキート射撃：25 発中 3 発の命中</td></tr>
<tr><td>ライフル銃</td><td>立射：20 発中 25 点以上を得点、または
膝射：20 発中 40 点以上を得点、または
伏射：20 発中 60 点以上を得点</td></tr>
</table>

※技能検定の場合は射撃教習の考査と同等の内容で『実技試験』が実施される。

●射撃指導員の指示に従って教習を受ける

「考査」という言葉を聞いて身構えてしまうかもしれませんが、合格ラインの「トラップ：25 発中２発命中」、「スキート：25 発中３発命中」というのは、決して難しい基準ではありません。考査の前には練習する時間がたっぷりと用意されているので、銃の安全な取り扱いに注意し、射撃指導員の指示にしっかりと従って教習を受けてください。

射撃教習を修了すると、「**教習修了証明書**」（有効期限１年間）が交付されます。技能検定の場合は「**技能検定合格証明書**」（有効期限１年間）が交付されます。なお、射撃教習受講後に不要となった猟銃用火薬類等譲受許可証は、必ず警察署に返納してください。

⑤ 所持する猟銃・空気銃を選ぶ

猟銃の場合は「講習修了証明書」と「教習修了証明書」を、空気銃の場合は「講習修了証明書」を取得したら、次に所持したい猟銃・空気銃を探しましょう。猟銃・空気銃は以下のような方法で見つけることができます。

猟銃・空気銃を探す方法の例
１．銃砲店に出向いて、販売している銃の中から選ぶ。
２．銃砲店などのサイトから、販売している銃を選ぶ（インターネット通販）。
３．猟銃・空気銃を「譲渡したい」（有償・無償問わず）という人を見つける。
４．海外から輸入する。

この中で最も一般的と言えるのが、１の銃砲店で探す方法です。とりあえずインターネットで地元の銃砲店を探して出向いてみましょう。「射撃教習まで終わった」と伝えれば、銃砲店の方がどのような銃を所持すればよいのか、色々と教えてくれるはずです。

近年では２のインターネット通販による取引も増えています。特に「ハイパワー PCP」と呼ばれる空気銃（エアライフル）は、地元の銃砲店では扱いきれない所も多いため、インターネット上で探す人も多いようです。

３の銃砲店を介さずに取引する方法もありますが、猟銃・空気銃の譲受・譲渡しは色々と書類を作らないといけないため、銃砲店に間に入ってもらったほうが無難です。４は「個人輸入」と呼ばれており、初心者にオススメできる方法ではありません。

●譲渡等承諾書を受け取る

所持をしたい猟銃・空気銃が決まったら、譲り渡す人（銃砲店など）から**譲渡等承諾書**を発行してもらいます。インターネット通販の場合は、講習修了証明書などの書類をスキャンしてデータで送り、譲渡等承諾書を郵送などで受けとります。近年は行政が押印廃止を進めているため、譲渡等承諾書もデータでやり取りすることが増えています。

●ガンロッカー等を準備する

猟銃・空気銃を選ぶタイミングで「ガンロッカー」を、猟銃の場合は「装弾ロッカー」も併せて入手しましょう。ガンロッカーや装弾ロッカーは銃砲店で購入するのが一般的ですが、インターネット通販やネットオークションなどでも購入できます。なお、ガンロッカーなどの銃の保管設備については『第１編．第２章．§6．猟銃・空気銃の所持についての遵守事項』で詳しく解説をします。

●委託保管の場合は『猟銃等委託保管契約書』を作成してもらう

自宅にガンロッカーを設置できないなどの理由がある場合は、『猟銃等保管業者』に銃を委託保管してもらうこともできます。この業者は、大抵の場合は銃砲店か射撃場を経営しています。委託保管をする先を見つけたら、その事業者に『**猟銃等委託保管契約書**』を作成してもらいます。

●『射撃練習』を利用する

猟銃・空気銃の選定時に「どんな銃が良いかわからない」という人は、**射撃練習**を利用するという手があります。これは「猟銃·空気銃の所持許可を受けようとしている人」（すでに許可を受けている人でもOK）が、公安委員会の指定した「練習射撃場」で、備え付けの「練習用備え付け銃」を使って射撃の練習が行える制度です。

ただし、所持許可を受けていない人が射撃練習をする場合、公安委員会から「練習資格認定」を受けなければなりません。この認定の申請は〝猟銃・空気銃の所持許可申請と同じ扱い〟なので、色々と手間を考えると「とりあえず初めの１丁は適当なのを選んで、扱いに慣れてきたら２丁めは自分に合った銃を探す」という人がほとんどだと思います。ひとまず、こういった制度があるということだけは覚えておきましょう。

⑥ 猟銃・空気銃の所持許可を申請する

所持したい猟銃·空気銃の譲渡等承諾書（委託保管する場合は委託保管の契約書も含む）の準備ができたら、所持許可の申請をおこないましょう。講習修了証明書や教習修了証明書の有効期限が切れていないことを確認し、住所や氏名が変わっている場合はこれら証明書の書換もできていることを確認してください。準備ができたら、所轄の生活安全課に申請書類を提出しましょう。

●所持許可証を持っていない場合の必要書類

所持許可申請は、『所持許可証を持っていない人』（まだ所持許可を受けたことのない人、または過去に所持許可を受けたことはあるが所持許可をすべて失効した人）と『所持許可証を持っている人』（２丁め以降の猟銃・空気銃を追加で申請する人）、また、『やむをえない事情で猟銃・空気銃の所持許可の更新を受けられなかった人』（「やむをえない理由」については後述）などによって、提出する書類が少し変わります。

ひとまず、あなたが銃を所持するのが「**まったく初めて**」の場合、次の書類等を準備してください。

猟銃・空気銃の所持許可申請（初めて申請する場合）	１．銃砲所持許可申請書
	２．医師の診断書
	３．経歴書
	４．同居親族書
	５．銃保管設備などに関する報告書類
	６．誓約書などの追加書類
	７．住民票の写し（本籍記載）
	８．破産手続開始の決定を受けて復権を得ない者に該当しない旨の市町村の長の証明書（身分証明書）
	９．講習修了証明書
	10．教習修了証明書（空気銃の申請では必要なし）
	11．譲渡等承諾書
	12．申請費用（10,500円）
	13．申請人の写真２枚
	14．筆記用具、印鑑
	15．狩猟・有害鳥獣駆除用途は狩猟免状や許可証など

１～５までの書類は、フォーマットが都道府県公安委員会のホームページなどに掲載されています。しかし６のように、都道府県によって提出を求められる追加の書類があったりします。よって、詳しくは所轄の生活安全課に確認をしてください。

５は、ガンロッカーを設置する場合は、設置場所の間取り図などを作成します。この報告書の作り方も所轄で違いがあります（設置したガンロッカーと一緒に撮影した本人の写真を要求される場合もあります）。

３の経歴書、４の同居親族書、７の住民票の写し、８の身分証明書は、教習資格認定申請で提出した書類と同じです。そのため、射撃教習修了から１年以内に申請をする場合は、これら書類の提出が省略できる場合があります。なお、２の医師の診断書については省略できないため、新たに診断を受けなおしてください。

9の講習修了証明書は「猟銃等講習会初心者講習」で交付された書類です。

10の教習修了証明書は「射撃教習」で交付された書類です。

11の譲渡等承諾書は、銃砲店などの銃の譲渡し先から交付された書類です。

12～14はこれまで述べてきた内容と変わりません。

15の狩猟免状は、「狩猟」の用途で猟銃・空気銃の所持許可を申請する場合に必要になります。もし狩猟免許試験を受ける前に銃の所持許可申請をおこなった場合は、一旦「標的射撃」で所持許可を受け、狩猟免許試験に合格した後に「狩猟」の用途を追加するようにします。

●所持許可証を持っている場合の必要書類

猟銃・空気銃を追加で申請する場合は、次の書類を提出します。なお、初めて申請するときに提出する書類と見比べやすいように、必要のない書類については黒塗りにしてあります。

区分	必要書類
猟銃・空気銃をすでに所持しており、2丁め以降を申請する場合	1．銃砲所持許可申請書
	~~2．医師の診断書~~
	3．経歴書
	4．同居親族書
	~~5．銃保管設備などに関する報告書類~~
	6．誓約書などの追加書類
	~~7．住民票の写し（本籍記載）~~
	8．破産手続開始の決定を受けて復権を得ない者に該当しない旨の市町村の長の証明書（身分証明書）
	9．講習修了証明書
	10．『教習修了証明書』もしくは『技能講習修了証明書』（空気銃の申請では必要なし）
	11．譲渡等承諾書
	12．申請費用（10,500円）
	~~13．申請人の写真2枚~~
	14．筆記用具、印鑑
	15．狩猟・有害鳥獣駆除用途は狩猟免状や許可証など
	16．猟銃・空気銃所持許可証

2の医師の診断書、5の銃保管設備などに関する報告書類、7の住民票の写し、13の証明写真は、16の猟銃・空気銃所持許可証を提示することで確認がとれるため、提出する必要はありません。

●ガンロッカーの立ち合い検査

申請書類を提出すると、猟銃・空気銃の所持許可審査が開始されます。申請した日には再び面談があり、これまで聞かれてきた内容を再び尋ねられます。

所持許可審査では、身元調査や身辺調査が行われます。猟銃を所持する場合はすでに「教習資格認定申請」で同様の調査が行われるため、この調査で欠格事由が見つかることは滅多にありません。しかし、空気銃を所持する場合はこのとき初めて身元等の調査が行われるため、欠格事由が見つかる可能性があります。

教習資格認定申請時の調査との大きな違いは、警察官が自宅訪問し、ガンロッカーや装弾ロッカーの設置状況のチェックが行われます。これら保管設備は壁や柱などにネジなどで固定していないと設置不備とされる可能性があるので注意しましょう。

自宅が賃貸などで「壁や柱にネジやボルトを打ち込むのはちょっと…」という人は、どのように設置したら良いか担当官と相談して決めてください。ガンロッカーをネジ止めなどせずに許可が下りた例では、「ガンロッカー内に数十キロの重りを入れておく」や「DIY で使われる突っ張り棒を使って固定する」などがあります。「絶対にガンロッカーをネジなどで固定しないとダメ」という担当官に当たってしまった場合は…、仕方がないので銃の委託保管を検討してください。

●所持許可が下りるまで、約1カ月かかる

銃所持許可の審査は、所轄警察署から都道府県公安委員会に回されて審査されます。そのため結果が出るまで最低でも1か月はかかり、審査の進捗によっては半年以上待たされることもあります。

目安として「35 日」を超えても音沙汰がないようであれば、こちらから担当官に連絡を入れてみましょう。審査が遅れている理由には、「近隣の人がいつも留守で聞き込み調査が進まないため」や、「公安的な事情（例えば都道府県内で国際的なサミットが開催されるなど）で審査がストップしている」、また、「連絡するの忘れてました」など色々あります。

●75 歳以上は認知機能検査を受検する

所持許可の申請をおこなった時点での年齢が **75 歳以上**の人は、申請後に『公安委員会から認知機能に関する検査』（認知機能検査）を受検するよう指示があります。この認知機能検査を受けなかった場合は、所持許可を受けることができません。なお、所持許可を申請した後に『**道路交通法の講習予備検査（認知機能検査）**』を受けたことを証明する書類を提出できれば、公安委員会が指定する認知機能検査を受ける必要はありません。

認知機能検査の結果一定の基準に達した者は、公安委員会が指定する医師の診断を受けるよう命じられることがあります。この命令を拒否して医師の診断を受けなかった、または診断書の提出命令を拒んだ場合は、所持許可を受けることはできません。

⑦ 猟銃・空気銃の所持許可証を受け取る

所轄警察署から所持許可が下りた旨の連絡が入ったら、所轄に出向いて所持許可証を受けとりましょう。そして所持許可証を受け取ったら〝**3か月以内**〟に所持許可の下りた猟銃・空気銃を譲り受けてください。3カ月を過ぎると所持許可は失効し、再び申請からやり直さないといけません。

また、猟銃・空気銃を譲り受けたら〝**14日以内**〟に、銃と所持許可証を持って所轄警察署で銃の検査を受けます。この時点の所持許可には、まだ必要事項が記入されていません。そこで銃を持参して検査を受けて必要事項を記入してもらいます。この検査を忘れると不法所持になるので注意してください。

●銃は「所持し続けること」の方が難しい

この検査を完了したら、晴れて正式な「**猟銃・空気銃所持許可証**」となり、銃を使用することができるようになります。しかし、これで「終わり」ではありません。皆さんは銃を狩猟や射撃スポーツに使いたいために銃を所持したわけですから、所持ができたことは「はじまり」にすぎません。これからも長く銃を所持できるように、銃による事故や違反が起こらないように、あらためて気を引き締めましょう。

●銃を譲り受ける前に〝お金〟の話を決着させておくこと

余談になりますが、銃の所持許可制度には、銃の譲渡し・譲り受けに関して、『どの時点で金銭をやり取りするか』に関する定めはありません。そのため個人間でやり取りをする場合、所持許可が下りた後に「タダで譲ると言ったけど、やっぱり50万円頂戴」とゴネられて、「3カ月以内に譲り受けることができなかった…」といったケースも起こりえます。このように銃は他の商品と違って譲渡し・譲り受けに特殊性があるため、信頼できる銃砲店で行うのが安心です。

なお、何かしらの理由で所持許可が下りなかった場合は、銃砲店などに連絡をして「所持許可が下りなかった」旨を連絡しましょう。銃砲店としても受け取りに来ない銃をいつまでも保管しておくわけにもいきません。

また、「キャンセル料」や「保管料」は銃砲店によって対応が異なります。事前に確認しておくと良いでしょう。

⑧ 所持許可証の書換えや再交付など

引っ越しや結婚などで住所や氏名が変わった場合は、運転免許と同じように所持許可証も必要事項の〝**書換え**〟が必要になります。手続きは所轄の生活安全課（引っ越した場合は引っ越し先の所轄）で行ってください。

なお、銃に対する対応は都道府県や所轄によって違いがあります。「前に住んでいたところでは、こんな書類を出せなんて言われなかったのに…」と不満に感じることもあると思いますが、「郷に入っては郷に従え」のことわざの通り、早く慣れるようにしましょう。

●替え銃身を購入した場合は所持許可証に追加を行う

猟銃・空気銃の中には〝**替え銃身**〟が付いている物があります。例えば散弾銃の場合は、鳥撃ち用やクレー射撃のトラップ競技用として「28インチ」という長い銃身や、スラッグ弾（単発弾）を発射する「20インチ」という短い銃身などがあります。

この銃身だけを複数本所持しておきたい場合は、所持許可の「替え銃身」の欄に所持している銃身の分だけ記載が必要になります。よって銃身を新しく購入したり処分した場合は、銃身の譲受や処分したことを証明する書類を持参して、所持許可の書換え申請をおこなってください。

●銃に大きな変更があった場合は、所持を受けなおさなければならない

例えば「ライフル銃」として所持許可を受けた銃を改造して「散弾銃」にした場合など、所持許可を受けた猟銃・空気銃の同一性を失うような改造・変更を施した場合、所持許可は書換えではなく〝**新しく取り直さなければならない**〟場合があります。

●所持許可証の再交付

所持許可証が亡失（どこかに落としたなど）、盗難、滅失（火災などで燃えてなくなったなど）した場合は、すみやかに所持許可証の再交付を行う必要があります。書換申請などと同様に、所轄の生活安全課で所持許可証再交付申請書を提出してください。

なお、「失くした」と思っていた所持許可証が再交付を受けた後に見つかった場合は、〝**旧所持許可証のほうを警察署に返納**〟してください。くれぐれも粗大ゴミに出したりしてはいけません！

●所持許可の条件

所持許可証に記載された内容は、公安委員会が「危害発生の予防」のために必要と判断した場合は、必要な限度の範囲で〝**条件を付け加えることができる**〟とされています。この条件に違反した場合、所持許可を取り消されることがあるので注意しましょう。

【第1編. 第2章. §2-4の理解度チェック】

次の記述はすべて**間違っています**。どこが間違っているのかを答えなさい。

【例題1】
空気銃の所持許可を受けようとする者は講習修了証明書の交付を受ける必要はない。

【例題2】
講習修了証明書は、許可又は許可の更新時において、証明書の交付の日から1年を経過していないことが必要である。

【例題3】
教習修了証明書や技能検定合格証明書の有効期限は、証明書が交付された日から3年間である。

【例題4】
ライフル銃を所持するためには、ライフル銃以外の猟銃か空気銃を10年以上継続して所持していなければならない。

【例題5】
猟銃・空気銃の所持許可を受けようとする者であれば、許可を受けずに練習射撃場で練習用備付け銃を使用して射撃をすることができる。

【例題6】
猟銃や空気銃の所持許可を受けようとする者で、許可申請書を提出した日において60歳以上である者は、申請後に公安委員会が行う認知機能検査または道路交通法の講習予備検査（認知機能検査）を受検する必要がある。

【例題7】
所持許可証が交付された連絡が入ったら、所持する銃を譲り受けてから所持許可証を受け取りに警察署に赴き、その場で銃の検査を受けなければならない。

【例題8】
所持許可を受けた銃を譲り受けたときは、1カ月以内に所持許可を受けた警察署に銃と所持許可証を持参し、確認を受けなければならない。

【解説１】

猟銃等講習会の講習修了証明書は、猟銃・空気銃の所持許可申請のどちらにも必要です。教習修了証明書や技能検定合格証明書は、空気銃の所持許可申請には必要ありません。

【解説２】

講習修了証明書の有効期間は３年間です。猟銃を所持する際に必要となる教習修了証明書または技能検定合格証明書の有効期限は１年間です。

【解説３】

教習修了証明書または技能検定合格証明書の有効期限は〝１年間〟です。なお、講習修了証明書の有効期間は３年間です。

【解説４】

ライフル銃を所持する用件は、ライフル銃以外の猟銃を 10 年以上継続して所持することです。空気銃は何年所持していても、ライフル銃を所持できる要件には当てはまりません。

【解説５】

猟銃・空気銃の所持許可をまだ受けていない人が「射撃練習」の制度を利用する場合、公安委員会から『練習資格認定証』を受けなければなりません。

【解説６】

認知機能検査を受検する必要がある年齢は、許可申請書を提出した日に〝75 歳以上〟です。

【解説７】

所持許可証が交付されたら、まずは〝所持許可証を受け取りに行きます〟。次に所持する銃を３か月以内に譲り受け、14 日以内に所持許可証と銃を持って、銃の検査を受けます。

【解説８】

所持許可が下りた銃を譲り受けた後は、〝14 日以内〟に銃と所持許可証を持参し、確認を受けなければなりません。

§3. 所持許可の更新とその手続き

猟銃・空気銃を所持し続けるためには、有効期限満了までに〝更新手続き〟を行う必要があります。ウッカリ更新忘れを防ぐためにも、しっかりと理解しておきましょう。

① 猟銃・空気銃所持許可の有効期間

猟銃・空気銃の所持許可は、「死ぬまで有効」の永久ライセンスではありません。自動車の免許と同じように有効期間が定められているため、有効期間後も引き続きその銃を所持し続けたいのであれば、更新申請をおこなう必要があります。

●有効期間は「所持許可を受けた日から３回目の誕生日まで」

まず、所持許可の有効期間は、「**所持許可を受けた日から３回目の誕生日まで**」（誕生日の翌日に所持許可は失効）と定められています。注意が必要なのは「有効期限は３年間あるわけではない」ということです。

例えば、あなたの誕生日が 12 月１日だったとして、所持許可を受けた日が７月１日だったとします。この場合、所持許可を受けた日から数えて１回目の誕生日が来るのは５カ月後になるため、実質的に銃を所持できる期間は「２年５カ月間」ということになります。つまり、銃の所持許可は誕生日の前日に受けると有効期間が「２年１日間」と最も短く、誕生日当日に受けると「３年間」と最も長くなります。１度更新すると、所持許可を受けた日は誕生日近日に統一されます。

② 猟銃・空気銃所持許可の更新期間

猟銃・空気銃の所持許可を更新できる期間は「**３回目の誕生日の２カ月前から１カ月前まで**」です。例えばあなたの誕生日が 12 月１日の場合、更新期間は３回目の誕生日（12 月１日）の２カ月前（10 月１日）から１カ月前（11 月１日）までです。運転免許の更新期間「誕生日の１カ月前から１カ月後まで」と混同しないように注意してください！

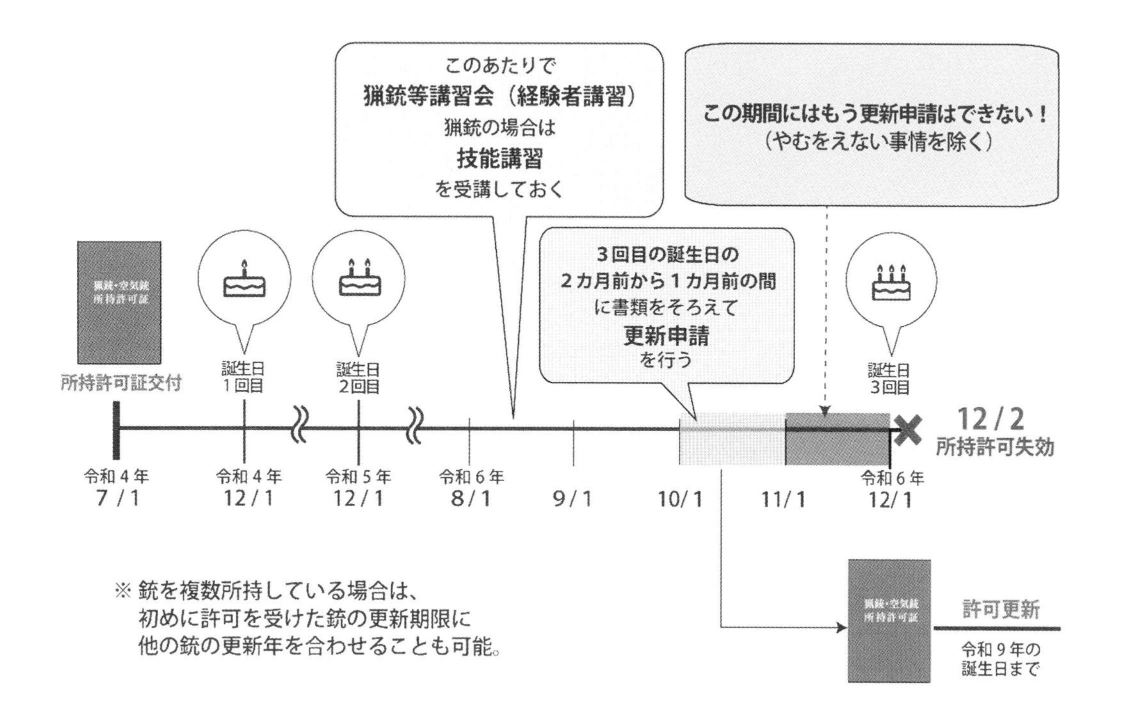

●「やむをえない理由」があれば、１カ月前まで更新申請可能

所持許可は「３回目の誕生日の１カ月前」を過ぎると更新することはできません。しかし下記のような「やむをえない」理由があり、それを証明する書類を添えることで、３回目の誕生日の〝前日〟まで更新申請をすることができます。

「やむをえない」と認められる理由の例	１．海外旅行をしていた
	２．災害を受けていた
	３．病気や負傷をしていた
	４．「拘留」などで法的に身体を拘束されていた
	５．社会的慣習や業務上の理由で用務が生じていた（例えば「自衛官や医療関係者が災害地に派遣された」のような理由が該当）
	６．公安委員会が「やむをえない」と認める事情があった

③ 更新に必要な書類

所持許可の更新を希望する場合は、以下の書類を更新申請期間中に所轄生活安全課へ提出します。

なお、次ページの表で、黒塗りにしている項目は、所持許可を申請するときに提出する書類と同じものです。どのような書類なのかわからなければ、もう一度「§2-4．猟銃・空気銃所持許可申請の流れ」をご確認ください。

猟銃・空気銃を更新する際に必要な書類等	1．猟銃等所持許可更新申請書
	2．医師の診断書
	3．経歴書
	4．同居親族書
	5．使用実績報告書
	6．誓約書などの追加書類
	7．「やむをえない事情」があり更新期間を過ぎている場合は、その事情を明らかにする書類
	8．破産手続開始の決定を受けて復権を得ない者に該当しない旨の市町村の長の証明書（身分証明書）
	9．講習修了証明書（※必要としない要件あり）
	10．技能講習修了証明書（※必要としない要件あり）（空気銃の場合は必要なし）
	11．譲渡等承諾書
	12．申請費用（状況により異なる）
	13．申請人の写真２枚（所持許可証が新しくなる更新のときにのみ必要）
	14．筆記用具、印鑑
	15．更新を行う猟銃・空気銃（※検査は別日の場合もある）
	16．猟銃・空気銃所持許可証

●猟銃等所持許可更新申請書

更新申請書は銃砲所持許可申請書と内容はほぼ同じですが、「新しく所持許可を受ける銃」ではなく「更新申請に係る銃」の情報を記入する点で書式が異なります。これら書類も都道府県公安委員会のホームページなどに掲載されています。

●使用実績報告書

使用実績報告書は、更新に係る銃の使用履歴を記入します。例えば、狩猟で銃を使用した場合は、「何年何月何日に、どこで、どのような用途（獲物は鳥なのか？獣なのか？）で、何発を発砲したのか？そのとき誰か同行者はいたか？」などを記入します。一応、直近で２回分を報告することになっていますが、「絶対に２回以上使用実績が無いとダメ」というわけではありません。

●猟銃・空気銃所持許可証は３年ごとに更新される

所持許可証は更新申請時に〝提示〟するだけです。所持許可証は３年ごとに新しい物に更新されるので、更新が完了したら新しい許可証が発行されます。そこで「更新の審査が完了した」旨の連絡を受けたら、古い所持許可証を返納して新しい許可証を受けとります。
2丁以上の銃を所持している場合、1丁めの銃と更新年度がズレている場合があります（例えば1丁めが「令和5年の誕生日まで有効」なのに対して、2丁めの銃が「令和6年の誕生日まで有効」といったように）。この状態で2丁めの銃を更新する場合は、所持許可証の「更新」の欄に更新年月日などが記入されます。

●申請費用は所持許可証を新しくするかで値段が変わる

申請にかかる費用は所持許可証が新たに発行されるか、更新欄に追記がされるだけかで、次のように変わります。

新しい所持許可証を発行	7,200円 同時に2丁以上更新する場合は2丁め以降4,800円
現にある所持許可証を更新	6,800円 同時に2丁以上更新する場合は2丁め以降4,400円

●更新年度をズラして他の銃と併せられる特例がある

更新年度がズレた銃を複数所持している場合、希望すれば有効期限を1年分短縮する形で、1丁めの銃の更新年度に合わせることができます（先の例では「令和6年まで有効」の2丁めの銃を1年短縮して、1丁めの「令和5年の誕生日」と更新年度を合わせることができる）。こうすることで「毎年毎年、銃の更新で警察署に行かないといけない！」という面倒臭さを解消することができます。

●更新を行う猟銃・空気銃を持参する

所轄にもよりますが、更新申請時に銃の検査も併せて行われます。替え銃身を登録している場合は忘れないように持っていきましょう。

④ 猟銃等講習会（経験者講習）

更新申請の際も所持許可の申請時と同様に、猟銃等講習会の「講習修了証明書」が必要になります。しかし、この時点では初心者講習からすでに3年以上経過しているため、初心者講習の講習修了証明書を使用することはできません。そこで銃の更新をする場合は、猟銃等講習会を再び受けなおす必要があります。

●講習会の日付は半年以上前からチェックしておく

「え！またあの長い講習を受けて、考査に合格しないといけないの…!?」と驚かれたかもしれませんが、ご安心ください。すでに銃を所持している人は初心者講習ではなく「**経験者講習**」を受けることができます。この経験者講習は初心者講習に比べて時間も短く、考査も「あるにはある」のですが、特に難しいことはありません。

ただし、注意が必要なのは、経験者講習会は初心者講習会と同じように、年に数回しか開催されません。よって「更新の準備は誕生日の２カ月前から行おう」とのんびりしていると、「講習会がすべて終わっていて、講習修了証明書を準備できない‼」といった〝詰み〟になってしまう可能性があります。

●講習を受けられなかったら、また初心者講習からやり直し

銃を１丁しか持っていない人が経験者講習を受けられずに更新できなかった場合、銃を一旦手放した時点で所持許可証を返納しなければなりません。すると、新しく所持許可申請を行うには初心者講習を受けなければならないので、時間的・費用的に大打撃です。

よって猟銃・空気銃を更新する予定の人は、必ず〝更新の半年前ぐらい〟から「経験者講習」と「技能講習」（空気銃の場合は必要なし）の日時を把握しておき、計画的に受講できるように準備をしておいてください。なお、次にあたる人は講習修了証明書の提出が免除されます。

猟銃・空気銃の更新申請に、講習修了証明書を免除される人	１．射撃指導員として指定を受けている人

⑤ 技能講習

猟銃を更新する場合は教習修了証明書にあたる「**技能講習修了証明書**」（有効期限３年間）が必要になります。この証明書は技能講習で発行されるため、経験者講習と同様に更新期間までに受講しておく必要があります。

技能講習は射撃教習とほぼ同じ内容ですが、射撃教習が射撃場備え付けの銃を使用するのに対して、技能講習は〝自分の所持している銃〟で受講します。日頃から銃を適当に扱っていると、講習会のときにボロが出る可能性があるので、銃は日ごろから丁寧に扱うよう心がけましょう。

●技能講習の種類

技能講習は右表のように「ライフル銃」と「散弾銃」、「ライフル銃及び散弾銃以外の猟銃」（以降は「ハーフライフル銃」と表記）で受講内容が変わり、ライフル銃は「ライフル銃」の技能講習を、ハーフライフル銃と散弾銃は「ライフル銃以外の猟銃」の技能講習を受けます。ただし「ライフル銃以外の猟銃」の技能講習は、ハーフライフル銃の場合はライフル射撃場で、散弾銃の場合はトラップ・スキート（クレー射撃場）で受けます。

<table>
<tr><th>更新を受ける銃の種類</th><th>技能講習の種類</th><th>技能講習をうけることになる指定射撃場</th></tr>
<tr><td>ライフル銃</td><td>ライフル銃</td><td rowspan="2">ライフル射撃場</td></tr>
<tr><td>ハーフライフル銃</td><td rowspan="2">ライフル銃以外の猟銃</td></tr>
<tr><td>散弾銃</td><td>トラップ射撃場
スキート射撃場</td></tr>
</table>

補足すると、「ハーフライフル銃」という銃はもともと「ライフルド・スラッグガン」と呼ばれる〝散弾銃の一種〟なので、所持許可の要件は「散弾銃」と同じです。よって技能講習の種類は散弾銃と同じ「ライフル銃以外の猟銃」になります。

しかしハーフライフル銃は「サボット弾」と呼ばれる単発弾を「ライフル銃のように精密に発射する銃」なので、教習の内容はクレー射撃ではなく、ライフル銃と同じ固定標的射撃で行います。

●複数種類の猟銃を更新する場合

所持している複数の猟銃を更新する場合、技能講習は所持している猟銃の中で1つを用いて受講します。少しわかりにくいので、例題を下表に載せておきます。

更新しようと思っている猟銃	「受講が必要な技能講習」（講習を受ける指定射撃場）
散弾銃：複数	散弾銃**いずれか1丁**で「ライフル銃以外の猟銃」（クレー射撃）。
ハーフライフル銃：複数	ハーフライフル銃**いずれか1丁**で「ライフル銃以外の猟銃」（固定標的射撃）。
ライフル銃：複数	ライフル銃**いずれか1丁**で「ライフル銃」（固定標的射撃）。
散弾銃：複数 ライフル銃：複数	散弾銃いずれか1丁で**「ライフル銃以外の猟銃」**（クレー射撃）。ライフル銃いずれか1丁で **「ライフル銃」**（固定標的射撃）。
散弾銃：複数 ハーフライフル銃：複数	散弾銃・ハーフライフル銃いずれか1丁で 「ライフル銃以外の猟銃」（クレー射撃）**もしくは** 「ライフル銃以外の猟銃」（固定標的射撃）。
ハーフライフル銃：複数 ライフル銃：複数	ハーフライフル銃いずれか1丁で**「ライフル銃以外の猟銃」（固定標的射撃）**。ライフル銃いずれか1丁で**「ライフル銃」（固定標的射撃）**。

●技能講習を免除される条件

下表に該当する人は、代替の書類を提示することで技能講習の受講が免除されます。あまり縁がなさそうな内容ですが、銃でイノシシやシカを捕獲するハンターは、3の鳥獣被害対策実施隊員（市町村から任命を受けて有害鳥獣駆除を行うハンター）になるケースも多いので覚えておきましょう。

ただし、3は「当分の間」、4は「令和9年4月15日まで」の〝特別措置〟となっているため注意してください。

技能講習修了証明書の提示が免除される人	代わりに提出する書類
1．射撃指導員として指定を受けている人	射撃指導員指定書
2．国民体育大会に参加する選手やその候補者として日本スポーツ協会の加盟地方団体から推薦された人	日本スポーツ協会が加盟地方団体の発行する推薦書
3．鳥獣被害対策実施隊員	対象鳥獣の捕獲等に従事していることを証明する書類（都道府県または市町村から発行される「捕獲許可証」など）
4．特定従事者のうち対象鳥獣の捕獲等に従事する等の一定の要件を満たした人	「対象鳥獣捕獲等参加証明書」および銃刀法・火取法に違反・指示を受けたことのないことを証明する誓約書等

⑥ 認知機能検査

許可の満了日に75歳以上になる人が銃の更新を受ける場合、認知機能検査を受けなければなりません。ただし、許可の満了日の〝**5カ月前から1カ月前まで**〟の間に**道路交通法の講習予備検査（認知機能検査）**を受けている場合、それを証明する書類を提出することで、認知機能検査を受けたものとみなされます。

⑦ 更新以外の特例

有効期限が満了した所持許可は、どのような理由があっても〝失効〟となります。このとき、所持許可証に記載された銃が「0丁」になったら許可証を返納しなければなりません（詳しくは次の§5で解説をします）。

所持許可証を返納した後に銃の所持許可を新しく受けようとした場合は、初心者の人と全く同じように猟銃等講習会（初心者講習）と、猟銃の場合は射撃教習（または技能検定）を受けなければなりません。しかし以下にあげる場合は〝特例〟として、それらとは異なる手順で許可を受けることができます。

●災害により銃を滅失し更新を受けられなかった場合の特例

猟銃・空気銃を災害により亡失・滅失して所持許可の更新ができなかった場合は、その事情が無くなってから〝**１カ月以内**〟であれば、射撃教習などの受講等を行うことなく〝所持許可を新たに受けなおすことができる〟という特例があります。

例えば、津波被害で所持していた銃がすべて失われた場合、その時点で所持している銃は「０丁」になります。よって新しく銃の所持許可を取り直す場合、また初心者講習や射撃教習を受けなおさなければならないのですが、復興して日常生活に戻って１カ月以内であれば、射撃教習を受けなくても、新しい銃の所持許可申請を行うことができます。

●「やむをえない理由」がある場合の『取り直し申請』

海外旅行や病気などの「やむをえない理由」で所持許可の更新申請ができなかった場合、当該事情が止んで（海外旅行から帰ってきた、退院したなど）から〝**１カ月以内**〟であれば、初心者講習や射撃教習を受けなおさなくても、所持していた銃の所持許可を再度受けなおす『**取り直し申請**』が可能です。

●どの特例でも『技能講習修了証明書』は必要

「災害で銃を滅失した場合」でも「海外旅行等で更新を受けられなかった」などの理由でも、所持許可を申請する時点で有効期限（３年間）が切れていない技能講習修了証明書は必要です。

そのため「技能講習を受ける前に被災して銃を滅失した」や「長期で海外出張に行ってたので技能講習を受けるのを忘れてた」といった場合は、この特例を受けることはできません。技能講習はできるだけ早めに受講するように心がけましょう。

●被災時の「ライフル銃10年縛り」の特例

ライフル銃を所持する用件の一つに「ライフル銃以外の猟銃を10年以上所持していなければならない」という、通称「ライフル10年縛り」があることは、§2で述べた通りです。そのため、たとえ「やむをえない理由」があったとしても、猟銃の所持数が「０丁」になれば、猟銃の所持期間が〝リセット〟されてしまいます。

しかし、災害によって猟銃を亡失・滅失した場合は、新たに所持許可を受けた期間と〝通算できる〟という例外があります。例えば、散弾銃１丁を所持して９年目に台風被害で亡失した場合、通常であれば新しく散弾銃を所持しなおしても「猟銃を所持し続けた期間０年」にリセットされます。しかしこの場合は特例により、新しく散弾銃を所持したら「猟銃を所持し続けた期間９年」と、実績を引き継ぐことができます。

なお、同じ「亡失・滅失」でも「泥棒に盗まれた」や「池ポチャして回収できなくなった」などの理由は例外とは認められません。

【第１編．第２章．§３の理解度チェック】

次の記述はすべて**間違っています**。どこが間違っているのかを答えなさい。

【例題１】
猟銃･空気銃の所持許可の有効期間は、所持許可を受けた日から数えて３年間である。

【例題２】
所持許可の更新申請期間は、所持許可を受けた日から数えて３回目の誕生日の１カ月前から、誕生日の日までである。

【例題３】
やむをえない理由があれば、当該事情が止んで１カ月以内であれば所持許可の更新申請をすることができる。

【例題４】
猟銃や空気銃の所持許可の更新を受けようとする者は、猟銃等講習会（初心者講習）を受けて、講習修了証明書の交付を受けなければならない。

【例題５】
同じ種類の猟銃を複数所持している人は、所持しているすべての銃で技能講習を受けなければならない。

【例題６】
猟銃の更新に当たっては、許可時において交付された日から１年以内の技能講習修了証明書が必要である。

【例題７】
盗難により銃を滅失し又は亡失した人で、交付後３年以内の技能講習修了証明書を所持する人は、所持許可の効力が失効した日又は申請ができないやむを得ない事情がなくなった日から１か月以内であれば射撃教習を受講することなく、猟銃の所持許可を受けることができる。

【解説１】

所持許可の有効期限は３年間ではなく、所持許可を受けた日から数えて３回目の誕生日が経過するまでです。

【解説２】

所持許可の更新申請期間は、３回目の誕生日を迎える日の２カ月前から１カ月前までです。誕生日の日から１カ月前になると、原則としてその銃は更新できません。

【解説３】

失効した所持許可は、いかなる理由があっても更新申請はできません。ただし、やむをえない理由があれば、当該事情が止んで１カ月以内であれば『取り直し申請』ができます。

【解説４】

すでに銃を所持している人が銃を更新する場合は、初心者講習ではなく〝経験者講習〟を受講します。

【解説５】

例えば散弾銃・ハーフライフル銃を合計して３丁所持している場合、そのうちの１丁を使用して「ライフル銃以外の猟銃」の技能講習を受けます。ただし、散弾銃・ハーフライフル銃に加えてライフル銃も所持している場合は、散弾銃かハーフライフル銃で「ライフル銃以外の猟銃」の技能講習と、ライフル銃で「ライフル銃」の技能講習を受けなければなりません。

【解説６】

技能講習修了証明書の有効期間は３年間です。

【解説７】

〝災害〟によって銃を失くした人は、射撃教習を受けなくても猟銃の所持許可を受けることができるという例外があります。ただし、盗難などの理由で所持許可を失効させた場合は、その例外に当てはまりません。

§4. 所持許可の失効とその後の手続き

猟銃・空気銃は、所持することはもちろん、手放すことも色々と大変です。『自身が亡くなった後の銃の処理』も関係して来るので、しっかりと理解して家族にもその手続きを伝えておきましょう。

①「失効」、「取消し」、「抹消」の違い

「失効」、「取消し」、「抹消」といった言葉は、日常生活に使う分にはまったく同じように思えますが、法律的な解釈には大きな違いがあります。そこで本題に入る前に、これら用語について理解を深めておきましょう。

●「失効」は、単純に所持許可の効力が切れること

「失効」は、所持許可の効力が失われることを意味します。最もわかりやすい例で言うと、先に述べた「所持許可の有効期限が満了した場合」です。3回目の誕生日を迎えた所持許可は、翌日に〝失効〟となり、「銃を所持できる」という効力が失われます。

●「取消し」は、強制的に所持許可がなかったことにされること

「取消し」は、公安委員会が出した所持許可を「無かった」ことにすることを意味します。許可が「取消し」を受ける場合は、総じて所持許可を受けた人の過失が原因であり、多くの場合で罰則（欠格期間の発生など）を伴います。なお、公安委員会側は理由もなく、所持許可を取消しにすることはできません。

●「抹消」は、所持許可証から記載を消すこと

「抹消」という言葉は「所持許可証から所持許可に係る事項を消すこと」を意味します。そのため「抹消」は、「所持許可が失効または取消しされたとき」に「警察署で所持許可証に記載された銃の情報を消してもらう」場合に使う言葉です。

なお、銃を1丁しか持っていない人がその銃の所持許可を失効した、または取消しを受けた場合、所持許可証は〝返納〟しなければなりません。そのため「抹消」の手続きは行われません。「抹消」はあくまでも、銃を複数丁所持許可を得ている所持許可証から、失効・取消しをする該当の銃を取り除く行為を意味します。

●細かい話だが、意外と考査で問題になりやすいポイント

法律の用語には失効や取消しと似たような意味で「無効」や「廃止」といった言葉が使われますが、銃の所持許可制度では、「失効、取消し、抹消」以外の表現は出ません。細かい話かもしれませんが、講習会の考査では「失効、取消し、抹消」の言い回しが問題に出されることが多いので、しっかりとおさえておきましょう。

② 所持許可の「失効」

所持許可の効力が失われる「失効」には、次のようなケースがあります。

1．許可の期間が満了した場合。
2．許可を受けた者が銃を譲り渡し、その他自己の意思にもとづいて所持しないこととなった場合。
3．許可を受けた者が死亡した場合。
4．銃砲を亡失し、もしくは盗み取られ、またはこれらが滅失した場合。
5．許可を受けた日から3か月以内に銃を所持しなかった場合。
6．法令の規定に違反して銃を所持・変造し、正当な理由のない携帯・運搬等にかかる銃として提出を命ぜられ、またはこれらが没収された場合。
7．所持許可を受けた後に、変装銃としたとき。または同一性を失わせる程度に改造または変更したとき。
8．年少射撃資格者認定により、または日本スポーツ協会の推薦により許可を受けた者が推薦を取り消された場合。年少射撃資格者の認定による許可を受けた者が空気銃に係る射撃指導員の指定を解除された場合。

1は、先の§3で解説した通りです。2は、ちょっとわかりにくい表現ですが、要するに「もう銃はいらない」となったときに、銃を銃砲店に持って行って買い取ってもらったり、新しく所持許可を受けた人にあげたりした場合です。銃を手放した時点で、あなたの所持許可は失効となります。

3は、所持許可を受けた本人が死亡した場合です。4は、銃をどこかに忘れてしまい見つけることができなかった場合、明らかに盗み出された場合、「目の前で燃えてなくなった」や「海に落として沈んでしまった」などの場合を指します。

5は、§2-4で解説したように、所持許可を受け取ってから実際に銃を所持するまでに3か月より長くかかった場合です。

6は、〝違反の可能性が高い〟として公安委員会から銃の提出を命じられたとき所持許可は失効します。この時点では取消しではないため欠格期間は付きませんが、最終的に「違反である」と判決を受けて銃刀法違反が確定したら、欠格期間が発生します。

7は、銃を違法改造した場合に該当します。このケースでは所持許可が失効するだけでなく、まったく別の銃を「不法所持」していたとして、銃刀法違反に問われる可能性があります。

③ 所持許可の「返納」または「抹消」

所持許可が失効した場合は、所持許可証について次のいずれかの対応をします。

●所持許可「0丁」で銃砲店に銃を譲り渡す場合

銃を銃砲店に譲り渡す（下取りに出す、廃棄処分にするなど）場合、その銃が失効することで所持許可証に記載された銃の数が「0丁」になったら、最後の銃と一緒に**〝所持許可証も併せて〟銃砲店に引き渡します**。銃砲店はお客さんの所持許可証を代わりに返納してくれます。

●他に所持許可が残っている状態で銃砲店に銃を譲り渡す場合

銃を銃砲店に譲り渡しても、所持許可証に他の銃が記載されている場合は、自身で所轄生活安全課に赴いて『抹消』の手続きを受けてください。銃砲店に譲り渡すと証明書類が発行されるので、『許可事項抹消証明書』を添付して生活安全課に提出します。

なお、銃を譲り渡してから抹消の手続きを受けるまでの期間は「すみやかに」とされています。日数が定められているわけではありませんが、もし抹消を忘れていると1年に1回ある銃検時に発覚し、20万円以下の罰金刑を受ける可能性があります。

●銃を個人間で譲り渡す場合

所持している銃砲を個人間で譲り渡しする場合、まずはこちらで譲渡等承諾書を書き、相手方に所持許可を受けてもらいます。相手方から所持許可が下りた旨の連絡を受けたら、その所持許可が記載された所持許可証の〝原本〟と、猟銃等譲受書（※）を受けとってください。所持許可証に記載された内容と猟銃等譲受書に相違が無いことを確認したら、所持許可証の原本と銃砲を譲り渡しましょう。後は、猟銃等譲受書と自身の所持許可証を持って所轄の生活安全課に赴き、所持許可の抹消、もしくは所持許可証の返納を行ってください。（※『銃砲刀剣類譲受証明書』など都道府県によって書類の名称が異なるため、あらかじめ先方の所轄に必要書類を確認しておくこと）

●本人が死亡した場合は親族などが所持許可証を返納する

本人が死亡した場合、所持許可を受けていた銃はすべて失効します。この場合、当然ですが死亡した本人は手続きができないため、『親族』、『親族以外の同居者』、『家主や地主、家屋・土地の管理人』などが代理で所持許可証を警察署に返納します。このときの期限は「**死亡の事実を知った日から〝10日以内〟**」とされています。

よって銃の所持者は、あらかじめ遺品を整理してくれる人に「自分が死んだら所持許可証を10日以内に生活安全課に返してください」と伝えておく必要があります。

④ 失効後の銃の措置

「銃を銃砲店などに譲り渡した」や「銃が滅失した」場合は、失効した段階で銃は手元にはありません。しかし「所持許可の満了」や「本人死亡」などで失効した場合は、まだ銃本体は残されたままです。そこでこのような場合、所持許可が失効して**50日以内**に、次のいずれかの方法を取らなければなりません。

1．自分が適法に所持できるように所持許可を受ける。
2．適法に所持できる者に譲渡、贈与または返還する。
3．銃砲店に廃棄を依頼する。

1は、失効した銃の所持許可を再度受けなおすことを意味します。猟銃であれば、有効期限が残っている講習修了証明書と教習修了証明書（または技能講習修了証明書）があれば、必要書類をそろえてすぐに所持許可の申請が可能です。この場合でも50日以内であれば自宅のガンロッカーに保管しておくことは可能です。ただし、何かしらの理由で50日を超えても所持許可が下りない場合は、一旦銃を銃砲店へ譲り渡す必要があります。

2は、所持許可を新たに受けた人に譲渡することですが、一般的には「銃砲店に譲り渡す」という意味で理解してもらえれば問題ありません。

3は銃砲店に銃を引き渡して廃棄を依頼します。絶対に銃砲を粗大ゴミに出したりしてはいけません‼

●本人が死亡時は遺族が銃を50日以内に処置する

本人が死亡した場合は、上記のいずれかの方法で「50日以内」に銃を処分しないと、家族や同居人が「不法所持」として罰則を受ける可能性があります。よって、銃砲店の場所や「銃を持ち出すときは必ず覆いを被せる」、「銃と弾は同じ容器に入れない」などのルールを伝えておかなければなりません。

しかしながら、銃の所持許可制度についてまったく何も知らない人にアレコレ言っても混乱するだけなので、ひとまず遺族となる人達には「銃に関しては最寄りの警察署に電話で相談して、対応の仕方を聞いて」と伝えておきましょう。大抵の場合は、お巡りさんが家にやって来て〝うまいこと〟処理をしてくれます。

●公安委員会は銃を仮領置できる

失効した銃が50日を過ぎても適切に処置されなかった、または「人の生命や身体、財産に危険がある」と認めた場合は、公安委員会は銃を**仮領置**する（占有を移す）ことができます。

【第１編．第２章．§４の理解度チェック】

次の記述はすべて**間違っています**。どこが間違っているのかを答えなさい。

【例題１】
所持許可の有効期限が満了した場合、所持許可は取消しを受ける。

【例題２】
許可証に記載された一部の銃の所持許可のみが失効したときは、所轄の警察署に所持許可証を返納しなければならない。

【例題３】
所持許可を受けた日から 14 日以内にその所持許可証に記載された猟銃や空気銃を所持することにならなかった場合、当該所持許可は失効する。

【例題４】
猟銃や空気銃の所持許可が失効した場合には、失効した日から３か月以内に銃を譲渡するなどの措置をとらなければならない。

【解説１】
有効期限満了の場合は、取消しではなく〝失効〟です。

【解説２】
所持許可証にまだ有効な所持許可が残っている場合は、所持許可証は返納せずに、該当する所持許可の記載事項を〝抹消〟します。

【解説３】
所持許可が発行されてから銃を受け取るまでの期間は〝３カ月以内〟です。３カ月を過ぎた場合、その所持許可は失効します。

【解説４】
所持許可が失効した場合、その猟銃や空気銃は〝50 日〟以内に、銃砲店へ譲渡するなどの処置を取らなければなりません。

§5. 指示及び所持許可の取消し

あってはならないことですが、銃刀法や火取法などで違反があると、所持許可は取り消されます。さらには罰金刑以上の重い罪に問われる可能性があります。銃は遵法意識を持って適切に取り扱ってください。

① 公安委員会による「指示処分」

公安委員会は次の場合、銃の所持許可を受けた者に対して「指示」を出すことができます。

1．銃刀法もしくは、これに基づく命令の規定、もしくはこれらに基づく処分に違反したとき。
2．猟銃用火薬類等について、火取法の規定、もしくはこれらに基づく命令の規定、もしくは、これらに基づく処分に違反したとき。

わかりにくい表現ですが、要するに公安委員会が「銃砲や弾の取扱いが適正ではない」と判断した場合は、「指示」という形で処分を下すことができます。例えば、長期間自宅を留守にするようになった所持者に対して、「盗難の危険性があるので、銃は保管委託をしてください」といった形で指示を出すことができます。

② 所持許可の『取消し』

所持している銃・火薬類の扱いに違反があった場合、所持許可は取り消されます。

1．銃刀法や、これに基づく命令、もしくはこれに基づく処分（指示処分も含む）に違反した。
2．猟銃用火薬類等について火取法、もしくはこれに基づく命令の規定、もしくは、これに基づく処分に違反した。
3．年少射撃資格者が監督に従わないで空気銃を所持した。

次の §6 で詳しく解説をしますが、銃は携帯、運搬、保管、使用（発砲）の〝方法〟について厳しい規制があります。これらに違反すると銃刀法や火取法違反となり、所持許可は取消し処分を受けます。また、先の指示処分に従わなかった場合も、取消し処分となる可能性があります。

●所持している銃や火薬とは関係のない「犯罪」による取消し

１．『銃刀法違反・火薬類取締法違反』で『罰金以上の刑』に処せられた。
２．『ストーカー被害規制法』による警告・命令を受けた。
３．『DV 防止法』による命令を受けた。
４．『人の生命・身体を害する罪（懲役または禁錮３年以上）』を犯した。
５．『銃砲刀剣類』を使用して凶悪な罪を犯した。

１は、所持している銃･火薬類と関係のないところで銃刀法･火取法違反を犯した場合、罰金刑以上になると所持許可が取消しを受けます。例えば「サバイバルナイフを持って街中をウロウロしていた」といった罪（銃刀法違反）で罰金刑になった場合、その時点で銃の所持許可は取消し処分を受けます。

５は、１が「有罪判決」を受けた時点で取り消されるのに対して、５は罪を犯した時点で取り消されます。

●「所持許可を受けた人の変化」による取消し

所持許可を受けた人の状況変化や病気を患ったなど、次のような事由でも所持許可は取り消されます。

１．破産手続き開始の決定を受けた。
２．住所不定になった。
３．暴力団などの反社会的組織と関わっていると認められる、相当の理由ができた。
４．所持許可を受けた本人が、他人の生命や財産、公共の安全を害すると認められる、相当の理由ができた。
５．『同居中の親族が所持許可を受けた人の銃』で他人の生命や財産、公共の安全を害する、または自殺する可能性があると認められるようになった。
６．自殺する恐れがあると認められる、相当の理由ができた。
７．総合失調症などの精神病、薬物等の中毒、認知症などになった。
８．是非弁別能力や判断能力に問題があると認められる、相当の理由ができた。

●その他の理由による取消し

1．ライフル銃による獣類の捕獲を職業とする者、または事業に対する被害を防止するためにライフル銃による獣類の捕獲を必要とする者として、所持許可を受けた者に、その必要がなくなったとき。
2．所持許可を受けた猟銃・空気銃を、引き続き3年以上許可を受けた用途に使用しないとき。

1は、「ライフル銃10年縛り」の要件以外で、有害鳥獣駆除を目的としてライフル銃を所持した人が、「転職をした」や「農業被害が少なくなったので有害鳥獣駆除の許可が下りなくなった」などの状況になった場合が該当します。

2は、更新申請を受けた銃に使用実績が〝まったくない〟場合に適用されます。例えば散弾銃を狩猟の目的で所持した人が、「忙しくてこの3年間、まったく狩猟に出られませんでした」と言った場合、「それって『コレクション』として持っているのと変わらないよね？」ということで、受けていた所持許可は取消しになります。このように、用途にまったく使用されていない銃は「**ねむり銃**」と呼ばれます。

1，2の事由は「銃刀法・火取法違反」ではないため、欠格期間が付くことはありません。しかし一応「取り消された」という記録は残るので、先の「ねむり銃」で取消しを受けた人が新しい銃の所持許可を申請した場合、かなり厳しい目で審査されるようです。

なお、次に挙げる取消し処分の場合は欠格期間がありません。

1）精神障害や中毒者など（前項4～7と同等の内容）で取消しを受けた場合。
2）3年間以上、所持許可を受けた用途で銃を使用していない、「ねむり銃」で取消しを受けた場合。
3）ライフル銃による**獣類の捕獲**を職業とする人（いわゆる「専業猟師」）が、転職などの理由でライフル銃所持許可の取り消しをうけたとき。

③ 不服申し立ての『聴聞』

あなたが所持許可の取消しについて「確実にこちらの過失だ…」と認めるのであれば仕方がないことですが、もし少しでも「こちらにも言い分がある！」と思うのであれば、**公開聴聞**を開いてその席上で弁明することができます。

ただし、医師の診断により「総合失調症などの精神障害、薬物依存、是非弁別能力や判断能力に問題がある」と結果が出ている場合、また、年少射撃資格の認定取消しによる所持許可の取消しについては、聴聞を開くことはできません。

【第１編．第２章．§5の理解度チェック】

次の記述はすべて**間違っています**。どこが間違っているのかを答えなさい。

【例題１】
都道府県公安委員会はいかなる理由があっても、所持許可を受けた者に対して指示や所持許可の取消しなどの措置を行うことはできない。

【例題２】
都道府県公安委員会からの指示に従わなかった場合には、銃の所持許可は失効する。

【例題３】
病気や海外旅行などのやむをえない事情がある場合は、所持許可を受けた猟銃や空気銃を、引き続き３年以上許可を受けた用途に使用していない場合でも所持許可は取り消されない。

【解説１】
所持許可が下りたあとも、銃を適正に取り扱っていない場合（例えば、銃刀法や火取法にもとづく命令や処分に違反したとき）、公安委員会は必要な措置を指示し、それに従わなかった場合は所持許可が取り消される場合があります。

【解説２】
都道府県公安委員会からの指示に従わなかった場合には、銃の所持許可は〝取り消されることがある〟です。失効ではありません。

【解説３】
たとえ病気などの理由があったとしても、３年以上許可を受けた用途に使用していない銃（ねむり銃）は、所持許可が取り消されることがあります。

§6. 猟銃・空気銃の所持についての遵守事項

ここでは、実際に銃を運用するにあたっての各種注意事項を解説します。違反行為に直結する内容なので、初心者講習が終わったあとも、ときどきこのページを確認しに来てくださいね！

① 目的がある場合以外は「携帯・運搬」は制限されている

猟銃・空気銃の所持許可は、「狩猟・有害鳥獣駆除・標的射撃」のいずれか1つ以上を用途として許可がおります。よって銃は、許可の下りた用途以外で使用することはできませんが、これに加えて、用途以外の目的で〝携帯や運搬すること〟も禁止されています。

例えばあなたが所持許可を受けた猟銃が「狩猟・標的射撃」の用途で許可を受けていた場合、「猟場や射撃場に行くために銃を車に積んで運び、猟場や射撃場内で銃を携帯する」という行為は問題ありません。しかし、「友達に銃を自慢したいから銃を持ち出す」や「狩猟の帰りに銃を車に積んだままパチンコ屋に行く」といった行為は、〝**用途外の携帯・運搬**〟として処罰の対象となります。ただし、例えば「銃の点検・修理のために銃砲店に持っていく」や「銃の検査を受けるために銃を持ち出した」などの理由は例外です。

●銃を運搬中にお店に寄る場合などは必要最低限で

例えば車で猟場を移動中、「昼食を買わないと」や「トイレに行きたくなった！」などの理由で車から離れることもあります。こういった場合は銃もお店に持って入る…というのが原則なのですが、車を離れる距離や時間、周囲の状況から見て〝最低限度〟の範囲であれば、銃を残したまま車両を離れることが容認されます（※平成31年警察庁生活安全局の通達）。もちろんこのようなときは、「車を店内から見える場所に停める」などの対応が必要になります。

●銃を携帯・運搬する際は所持許可証の携帯が必須

猟銃・空気銃を携帯・運搬する際は、必ず所持許可証の〝原本〟を併せて携帯しておかなければなりません。狩猟中は雨や汗でグチョグチョになってしまわないように、ジップロックのような袋に入れて、ファスナー付きのポケットに入れておきましょう。

② 弾の装填や運搬時の注意「安全措置」

銃を携帯・運搬する際は、猟銃の場合は実包や空包、空気銃の場合は金属製弾丸（ペレット）を装填してはいけません。銃に弾を装填して良いのは、狩猟の場合は「猟場に到着して安全な足場が確定した状態」、または「獲物が確実に視認できている状態」、標的射撃の場合は「射台に立って射撃の準備ができた状態」だけです。

特に狩猟中で最も多い違反事例が、「猟場内で弾を装填したまま携帯すること」です。狩猟中は「いつ獲物が飛び出て来るかわからない」ということで、銃に弾を装填したまま移動をする人がいますが、こういった行為は重大な違反です。銃は射撃が終わった、または射撃をする必要が無くなったら、速やかに薬室から弾を取り出し（脱包）、弾倉を持つ銃は弾倉内の弾もすべて脱包して弾帯や容器に収納しましょう。

●銃を携帯・運搬するときは外側から見えないようにする

銃は使用をしなくても、その〝見た目〟だけで人に恐怖感を与える存在です。また、銃を持っていることを不特定多数に見られることには、盗難や強盗などの犯罪を助長する危険性もあります。

そこで銃を携帯・運搬する際は、必ず一目で「銃」とわからないように、覆いを被せておかなければなりません。具体的に、銃を車などで運搬する場合は「ガンケース」と呼ばれる容器に入れます。また携帯するときは、「ガンカバー」と呼ばれる、柔らかい布性の覆いを被せましょう。

ガンカバーを外して銃を剥き出しにして良いのは、狩猟であれば猟場の持ち場についてから、標的射撃の場合は射撃場内に入ってからです。

③ 銃を使用するときの条件「発射の制限」

猟銃・空気銃を発射できるのは、次にあげる条件です。この条件以外で発射をすると「発射制限違反」となり、罰金刑以上の重い罪に問われる可能性があります。

1．所持許可を受けた者が、指定射撃場においてその射撃場の指定する種類の銃砲及び実包を使用して射撃するとき。
2．〝狩猟〟の用途で所持許可を受けた者が、鳥獣法の規定により銃猟をするとき。
3．鳥獣法の〝管理〟の目的で、鳥獣の捕獲等をするために有害鳥獣駆除の用途で所持許可を受けた者が、鳥獣法の規定により銃猟をするとき。
4．鳥獣法の有害鳥獣捕獲以外の〝有害鳥獣駆除〟の用途で所持許可を受けた者が、その所持許可証の用途欄に記載された用途に使用するとき。

1の条件は単純に「射撃場以外で標的射撃をしてはいけない」という意味です。海外には、野外に動く的などをセットして射撃を行う「フィールドシューティング」というスポーツがありますが、日本では射撃場以外での射撃スポーツは禁止されています。

2は、「狩猟」の用途で所持許可を受けた場合は「鳥獣保護管理法の『銃猟』に関するルールに従って射撃をしましょう」という意味です。

「有害鳥獣駆除」には、大きく国や都道府県などが公共事業で実施する「**管理捕獲**」と、都道府県・市町村が実施する「**有害鳥獣捕獲**」の2種類があります。捕獲できる鳥獣の種類や場所、時間帯などは、それぞれ取り決められたルールがあるので、射撃をするときはそれらに従う必要があります。

●かなり複雑な「銃猟に関する鳥獣保護管理法の規定」

さて、上記で「狩猟のルール」とあっさり述べましたが、このルールというのはかなり複雑です。というのも、銃猟をする場合は銃の所持許可だけでなく、狩猟免許試験を受験して『第一・二種銃猟免許』を取得する必要があります。よってすべてを詳しく解説をしていると膨大になるため、本書では「第1編．第4章．狩猟に関する法令」で最低限度の解説をしています。

●危害防止注意の義務

銃を発砲するときは、「人の身体や財産に危険が及ばない」ように注意する必要があります。例えば、鳥獣保護管理法の規定に従った狩猟であっても、弾が人や車に命中するような射撃は、当たり前ですが違反になります。

また実害が発生しなかったとしても、「危うく弾が当たる所だった！」といった射撃行為は「危害防止注意の義務を怠った」とみなされて、処罰の対象になります。

④ 銃の構造・機能を「維持する義務」

『§2-3. 銃に対する欠格事由』で解説したように、所持許可を受けることができる銃は欠格事由に該当してはいけません。よって所持許可を受けた後に、これら欠格事由に該当する改造等を行った場合、それが発覚した時点で銃の所持許可は失効し、さらに「不法所持」として罪に問われます。

このような違法改造を防ぐために、銃は原則として1年に1回の銃検査が行われます。銃検査が行われる時期は所轄によって変わりますが、だいたいが猟期が終わった3月から4月の間で行われることが多いようです。当然ですが、「検査の前に改造したところを元に戻せばよい」というわけではありません。

⑤ 銃の「保管義務」

猟銃・空気銃を携帯・運搬するとき以外、すなわち保管するときは、必ず銃をガンロッカーなどの保管設備に入れておかなければなりません。狩猟や射撃スポーツから帰ってきて銃を玄関や居間などにほったらかしにしておくと、保管義務違反として処罰の対象になります。

●ガンロッカーの鍵も銃と同じ扱いになる

銃本体だけでなくガンロッカー等の鍵も、自ら保管するのが原則です。実際に「ガンロッカーの鍵を玄関に置いていた」などの理由が発覚して違反となったケースがあります。所持許可申請時の自宅訪問で「ガンロッカーの鍵はどこに置きますか？」と尋ねられることがあります。このとき「鍵をどこに置いたか忘れると困るので、妻に預かってもらいます」などと言ってしまうと、所持許可が下りない可能性があるので注意しましょう。

●銃の保管に不安がある人は委託保管を検討する

「長期出張で自宅を留守にする」、「家の建て替えを行う」、「自宅に人が頻繁に出入りするようになった」、「仕事帰りに射撃がしたいけど家に取りに帰るのが面倒くさい」などの理由がある場合、銃を「**猟銃等保管業者**」に預かってもらいましょう。

猟銃等保管業者は、一般的には銃砲店や指定射撃場などが兼任しており、保管料を支払うことで銃を委託保管してもらえます。費用は業者によって大きく異なりますが、相場としては1カ月2,000～3,000円。年間契約だと少し安くなったりします。

●保管設備の基準と方法

銃を保管する設備は、内閣府令で定められた基準に適合する設備でなければなりません。具体的な基準については「第2編．3章．§3．猟銃・空気銃の保管の一般準則」で解説するとして、ここではひとまず「衣装ロッカーのような設備で銃を保管するのはダメ」とだけ理解しておいてください。

●宿泊場所に保管設備がない場合の対応

狩猟で他県に遠征する場合や、射撃の大会などに出場するなどで銃を持ったまま宿泊をする場合、銃は自ら監視するなど、盗難や事故を防ぐ措置を取らなければなりません。

例えば、宿泊する部屋に着いたら銃を分解して、先台やボルトといった銃に必須の部品を取り外して別の荷物に隠しておきます。分解した銃はガンケースに入れて鍵をかけ、布団などで巻いて押し入れに隠しておきましょう。食事に出るときは部屋の鍵をしっかりとかけて、なるべく早めに帰ってきましょう。

銃は「自ら保管」が原則なので、例えば「ホテルのクローク（荷物預りサービス）に預けておく」や「同行する猟仲間一人を留守番させて銃を見張らせておく」、また「車のトランクに入れっぱなしにしておく」といった行為は違反になります。

宿泊先での銃の保管はガチガチに法律で決められているわけではありませんが、盗難などの問題が発生した場合はどんなに注意をして保管をしていたとしても、「結局盗難されてるのだから、保管義務に不備があったよね？」と指摘されます。

●銃と弾は同じ保管設備に保管してはならない

銃と弾（実包・空包などの猟銃用火薬類、空気銃の場合は「金属製弾丸」）は、同じ保管設備に保管してはいけません。これは万が一銃の盗難が起こったとき、弾が一緒に保管されているとすぐに犯罪に利用される危険性が高まるためです。市販のガンロッカーの中には、ロッカー内に引き出しが付いている物もありますが、こういった場所に弾を保管してはいけません。弾は専用の装弾ロッカーに保管しましょう。

なお、銃の「パーツ」は弾と一緒に保管することができます。例えば銃の先台やボルトといった取り外しのできる部品は、装弾ロッカー内や鍵のかかる机の引き出しに保管しておくこともできます。このように「分解保存」、「重要な部品の別保管」をすることで、盗難が発生した場合でも銃が犯罪に使用される危険性を抑えることができます。

●同一建物内に銃と弾を保管しない〝努力義務〟

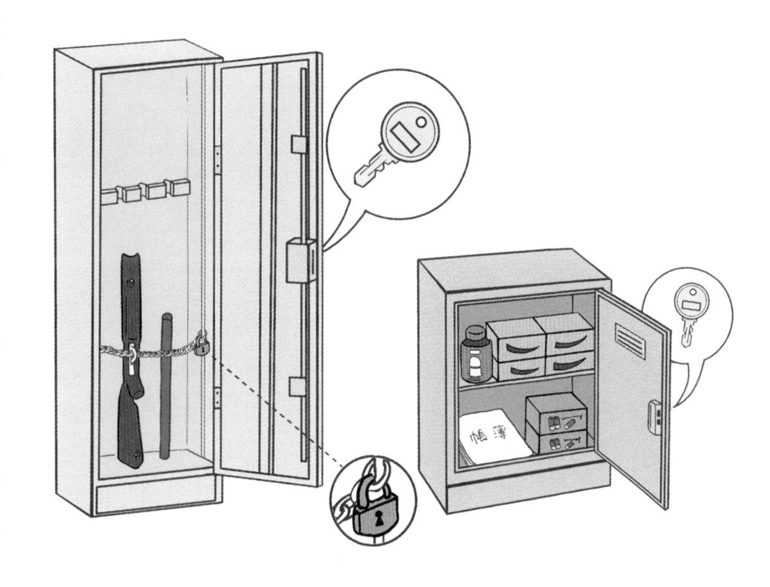

銃と弾の保管設備は**「同一の建物内に保管しない」**という原則があります。例えば自宅で銃を保管する場合、ガンロッカーは自室のクローゼット内、装弾ロッカーは自宅敷地内にある倉庫に分けるようにします。

とはいえ、一般的に自宅とは別に「倉庫」や「納屋」などがある家に住んでいる人は少ないと思います。よってこの原則は〝努力義務〟であり、「同じ建物（自宅など）にガンロッカーと装弾ロッカーを置いたから必ず違反になる」というわけではありません。標的射撃だけを行う人は「使用する弾は射撃場に行くときに必要最低限度しか買わないので、自宅に置くことはまずありません」といった場合は、同じ建物内に設置していても認められるケースがほとんどです。また、狩猟や有害鳥獣駆除を行う人の場合も、大抵の場合は認められます。ただし、担当官が色々な事情を勘案したうえで銃と弾は別々に保管するよう指示を出した場合は、従う必要があります。

●実包・火薬類の管理帳簿

猟銃を所持している人は、以下の事項が発生したとき、その日付と併せて、個数や種類（ライフル実包の場合は実包の名称を含む）などを帳簿に記入します。

帳簿の項目	記録する内容
製造	手詰め（ハンドロード）を行ったとき、製造した個数など
譲渡し	残弾を下取りしてもらった場合の個数や火薬店の名称など
譲受け	実包を購入したときの個数や火薬店の名称など
交付し	実包を火薬店などに保管委託した場合の個数、火薬店の名称など
交付され	保管委託した弾を払い出した場合の個数、火薬店の名称など
消費	射撃場や狩猟等で使用した実包の数、種類、場所など
廃棄	残弾を廃棄した場合の、個数や火薬店の名称など

これらの記録には「**実包管理帳簿**」という名前で市販されている帳簿を使うか、Excelのような電子記録を使います。狩猟をする人であれば猟友会から手帳が配られるので、その手帳に記入する人が多いです。

なお、帳簿には、火薬店のレシートや射撃場の射票（スコアカード）などを〝証拠書類〟として添付します。狩猟で消費した場合は証明書類などは必要ありませんが、「どこで、何発撃って、何を獲ったのか」は記録しておきましょう。

⑥ 報告の徴収・立ち入り検査

1．猟銃・空気銃ならびに、実包・空包・金属製弾丸などの保管状況について、必要な**報告を求める**ことができる。
2．必要と認めるとき、必要な限度で保管場所への**立ち入り検査**や帳簿の確認、物件の検査、関係者への質問などを行うことができる。
3．所持許可を受けた者が「引き続き許可の基準に適合するか」を判断するために、指定する医師の診断を受けることを命じることができる。
4．所持許可を受けた者の身辺調査・身分調査などのために、公務所（役場など）や公私の団体（勤めている会社など）、その他の関係者(友人・知人など)に必要な報告を求めることができる。
5．医師の診断結果が出るまでや、公務所などからの回答待ち、その他の調査中、「保管させておくことが適当でない」と認める間などは、当該の銃を提出させて、**最大30日**間保管することができる。

公安委員会は、まず１より、帳簿や保管状況について、様々な報告を所持者に求めることができます。その報告に対して「盗難などの危険がある」や「報告に応じない」といった〝必要性〟を認めたとき、実際に自宅に出向いて立ち入り検査をすることができます。またこのとき、３、４のように個人情報の開示を求めることができます。

なお、過去に「警察です。鉄砲を見せてください」と不審者が身分を偽って立ち入ろうとした事案が発生しています。公安委員会が立ち入り検査をする場合は、あらかじめ『調査の同意書』などを書かされます。よってこれを書いた覚えもないのに「銃を見せて」と言ってくる人がいたら、必ず玄関口で警察官の身分証明書を確認してください。

⑦ 違法となる部品所持の制限

銃の違法なパーツ、例えば消音機や６発以上（散弾銃用は３発以上）を充填できる着脱式弾倉（バナナマガジンなど）、48.8 ㎝以下の長さの替銃身などは**所持が禁止**されています。「この消音機は持っているだけで、銃に取り付けるつもりはありません！」と言っても、「持っているだけで違法」というわけです。

⑧ 譲渡等の制限

銃を譲り渡す場合、相手方がその銃を適法に所持できることを〝確認〟しなければなりません。相手が銃砲店の場合は「業務のためその銃を所持します」という旨の説明を受けなければなりません。

猟銃・空気銃を**貨物自動車運送事業者**（要は宅配便業者）で運送する場合、送り先が銃砲店であれば、あらかじめ銃砲店から証明書類（ちゃんと許可を受けた銃砲店であること）の提示やコピーの送付を受けておきます。また、貨物自動車運送事業者に対しては、「荷物を渡す前に、相手が銃砲店であることの証明を必ず確認してください」とお願いしておく必要があります。

送り先が個人である場合は、送る銃の所持許可証を〝原本〟で確認します。相手が遠方の場合は書留でやり取りをしましょう。銃の送り先は所持許可証に記載された住所宛てにしましょう。所持許可証以外の住所に送ったり、郵便局留めにしたりすると、盗難などのリスクが高まります。また、貨物自動車運送事業者に頼むときには、相手方の本人確認書類を確認してもらいます。

⑨ 銃検査の義務

公安委員会は年1回、銃と所持許可証を持参させて検査を受けさせる、通称「**銃検**」を行うことができます。銃検は大抵の場合は「**銃砲一斉検査**」と呼ばれる方法で行われ、銃所持者は指定された日にちに銃を持って指定された場所（警察署の会議室など）に足を運び、そこで〝健康診断〟のように順繰りで下記のような検査を受けます。

1．銃の構造・機能がみだりに変更されていないか。
2．許可された用途に使われているか。
3．許可証は適正に所持されているか。許可証の書換え・再交付・返納等の義務を怠っていないか。
4．実包の消費等の状況が帳簿に正しく記載されているか。

銃検では銃の全長や銃身長、口径、弾倉のサイズなどに加えて、所持許可申請時に受けた面談も併せて行われます。何年も銃を所持していると検査を担当する人とも顔なじみになるので、「今期はイノシシ獲れましたか〜？」みたいな雰囲気だったりもします。

⑩ 事故届け

猟銃・空気銃を亡失、盗難にあった場合は、必ず警察官に届けを出さなくてはいけません。財布やスマホを落としたとしても警察に遺失届を出すのは任意ですが、銃は〝義務〟として届けを出す必要があります。

【第１編. 第２章. §6の理解度チェック】

次の記述はすべて**間違っています**。どこが間違っているのかを答えなさい。

【例題１】
人目に付く場所で銃を携帯、運搬する場合は、できる限り銃に覆いをかぶせるか容器に入れて、周囲から銃を見えにくくするように配慮したほうが良い。

【例題２】
狩猟中はいつでも獲物が出てきても対応できるように、なるべく銃に実包を装填した状態で携帯しておいたほうがよい。

【例題３】
狩猟中に発射した弾が民家の敷地内に命中したが、実害は発生しなかったため違反にはならない。

【例題４】
ガンロッカーの鍵を紛失すると大変なので、同居人に鍵を置いている場所をあらかじめ伝えておき、管理に自信がない人は他人に預けておくことが望ましい。

【例題５】
狩猟や射撃大会のためであっても、保管設備のない場所に銃を持ったまま宿泊することはできない。

【例題６】
銃と適合実包を同一の建物内で保管していることが発覚した場合、銃の所持許可は取り消される。

【例題７】
都道府県公安委員会は、欠格要件について必要な調査を行うまでの最大50日間、所持許可者から提出させた銃を保管できる。

【例題８】
猟銃又は空気銃の所持者は、通常３年に１回、銃や許可証、実包の所持状況を記載した帳簿を指定された場所に持参し、検査を受けなければならない。

【解説１】

人目に付く場所で銃を携帯、運搬中は、必ず銃に覆い（ガンカバー）などを被せるか、容器（ガンケース）などに入れなければなりません。

【解説２】

狩猟中は、明らかに銃を発射する必要が無いときは、実包を装填してはいけません。実包を装填したままにしていると、暴発して自分や他人を死傷させる事故が起こる危険性があります。

【解説３】

人の生命や身体、または財産に危害が及ぶような銃の発射は違反となります。これは実害が発生しなかったとしても違反になります。

【解説４】

ガンロッカーの鍵も銃本体と同じように、所持許可を受けた本人が管理しなければなりません。

【解説５】

宿泊場所に保管設備がなくても、宿泊できないわけではありません。この場合、「銃を施錠したケースに入れて、押し入れなどの目立たない場所にシーツを被せて保管する」、などの配慮をします。

【解説６】

銃と実包は同一の建物内で保管しないほうが良いので、公安委員会から〝指示処分〟を受けることがあります。ただし、これが理由ですぐさま所持許可が取り消されるわけではありません。もちろん、指示を無視し続けると取り消されることがあります。

【解説７】

公安委員会が調査などのために所持者の銃を保管できる期限は、最大で 30 日です。

【解説８】

銃の検査は通常、１年に１回です。一般的には、猟期が終わった３月～４月の間で、住所地を管轄する警察署単位で実施されます。

第3章.

猟銃用火薬類等に関する法令

ここでは、猟銃に使用する弾（猟銃用火薬類）の〝買い方〟について解説をします。初めは難しそうに思えますが、一度理解すれば難しくはない内容です。

① 「火薬」には色々な種類がある

「火薬」には猟銃の弾として使用する以外にも、花火や土木工事、建築工事、畜産業、漁業、保安事業など様々な分野で使われており、さらに用途によって火薬の種類も異なります。このように、火薬の取り扱いは非常に難しく専門的であるため、日本では『**火薬類取締法**』（通称「火取法」）を始めとした様々な条例や政令などで、所持や使用が厳しく規制されています。

さて、猟銃に使用される実包は『**火工品**』と呼ばれており、工事などに利用される火薬や爆薬（ダイナマイト）などとは扱い方が異なります。というのも、通常火薬や爆薬といった物質を保管するためには、「火薬庫」と呼ばれる専用のコンクリート造りの建物が必要になりますが、一般家庭にこのような設備を置くのはとてもではないですが困難です。また、火薬類の譲受けや使用には〝都道府県知事〟の許可を受けなければなりませんが、「クレー射撃」や「狩猟」に行くたびに都道府県庁に赴いて許可を貰うというのは、ものすごく手間がかかります。

そこで猟銃用火薬類の許可に関しては都道府県知事ではなく、特別に〝公安委員会〟が管轄することになっています。銃の所持許可を管理する公安委員会が猟銃の弾に関しても一元管理することで、銃所持者に無駄な手間を発生させないようにしているというわけです。

② 猟銃用火薬類等譲受許可証

猟銃用火薬類（実包、空包、猟銃用火薬、雷管）を購入するためには、先に述べたように、公安委員会から「譲受け」の許可を受けなければなりません。許可の仕方は難しくは無く、「猟銃用火薬類等譲受許可申請書」に記入し、発行手数料として2,400円（ただし、実包などの〝火工品〟以外の火薬類（無煙火薬など）の場合は3,500円）を支払います。

●猟銃用火薬類を譲り受けるための要件

許可申請をするにあたっては、次の要件を満たさなければなりません。

1．申請する用途に従って、猟銃の所持許可証、教習資格認定証、技能検定通知書、練習資格認定書のいずれかを提示する。
2．狩猟または鳥獣捕獲等が目的であれば、狩猟者登録証や鳥獣捕獲の許可証・従事者証を提示する。
3．譲り受ける実包や空包は、自身の銃に適したものであること。
4．譲り受けの目的が明確であり、購入・消費する計画がある程度立っていること。

1は、「銃の所持許可を受けた人でなければ、火薬類の譲受許可申請はできない」ということです。また2で定めるように、狩猟や有害鳥獣駆除の場合は狩猟者登録証などの「狩猟ができる」、「有害鳥獣駆除ができる」ことを示すライセンスを提示しなければなりません。

3は、例えば所持している銃が散弾銃の場合、ライフル銃の実包を譲り受ける許可は得られません。また散弾銃は口径によって使用できる弾の種類が変わるため、例えば「口径12番の散弾銃」しか所持していない人が、「20番の実包」を譲り受けることはできません。なお、散弾銃には「スラッグ弾、00B、1号～10号」といった弾粒の大きさによって様々な種類がありますが、この「装弾の大きさや多さ」については、どのような種類でも購入することができます。

4は、申請書類に「火薬をいつ・どこで購入するか？」や「購入した火薬はいつ・どこで消費する予定か？」などを記入します。ただし、これは厳密ではなく、ある程度の予定がわかれば大丈夫です。クレー射撃や狩猟に出る予定の日から逆算して、弾を購入する日を決めると良いでしょう。

●有効期限は「発行された日から1年」

猟銃用火薬類等譲受許可申請を提出すると、その場で『猟銃用火薬類等譲受許可証』が交付されます。この許可証の有効期限は、**発行された日から1年**です。有効期限が満了した、または、許可が下りた数量を全部譲り受けた際は、速やかに**許可証の交付を受けた警察署に返納**してください（複数種類の譲受許可を受けた場合は抹消します）。

●住所氏名が変更されたら、書換申請を行う

銃の所持許可と同じように、引っ越しや結婚などで住所・氏名が変わったら、猟銃用火薬類等譲受許可証の書換えを所轄警察署で申請します。紛失した場合は再交付の手続きを行うことができます。

●用途や使用実績によって、許可が下りる上限は変わる

許可証には譲り受けることのできる〝上限〟が定められています。大抵の場合は、自宅で保管できる「実包800発」が上限になっています。しかし、射撃のスポーツ選手として〝本気〟で打ち込んでいる人の場合は「2,000発」、射撃の選手として合宿等で練習するような場合は「5,000発」のように、必要性によって許可の上限は増えます。

なお、たとえ上限が多くても、1回に譲り受ける数は〝必要最低限〟にとどめることが原則です。

③ 猟銃用火薬類の譲受けの仕方

猟銃用火薬類を譲り受ける場合には、お店の人に許可証を提示して、「何年何月何日に、○○という種類の弾を、×発購入しました」と記載してもらい、お店の名前とハンコを押してもらいます。

④ 狩猟者の場合は『無許可譲受票』でも譲受けできる

猟銃用火薬類の譲受け許可は公安委員会が行うのですが、「狩猟者登録をした人は、一定の数量以下であれば無許可で火薬類を受けることができる」という制度があります。ここで発行される書類は「**猟銃用火薬類無許可譲受票**」と呼ばれており、一般社団法人大日本猟友会の都道府県猟友会および、その支部が交付事務を行っています。

ただし、無許可譲受の場合は、譲り受けることのできる猟銃用火薬類の数量が、次のように定められています。この上限を超えて火薬類を購入したい場合は、通常の譲受許可を受けなければなりません。

実包	銃用雷管	無煙火薬と黒色猟用火薬の合計
300個以下	300個以下	600グラム以下

この無許可譲受の仕組みのお陰で、狩猟者はいちいち警察署に行って、譲受許可の申請をしなくてもよくなります。狩猟者にとってとてもありがたい仕組み！…なのですが、ひとつ落とし穴があり、この無許可譲受票は猟友会に所属していないと、実質的には手に入

らない可能性があります。猟友会に所属せずに狩猟をする場合は、あらかじめ猟友会に「会員ではないけど、無許可譲受は出してくれるのか？」と尋ねておきましょう。

●「特別な事情がある者」であれば警察署長でも発行できる…が。

無許可譲受票は「特別な事情のある者（要は、猟友会に所属できない理由がある場合）」に限り、例外的に「**警察署長**」が発行できるとされています。しかし…正直な話、わざわざ警察署長に「無許可譲受票を発行して欲しい」とお願いをしに行くぐらいなら、生活安全課で通常の譲受許可を申請したほうが、はるかに話が早くて簡単だったりします。一応、「そういう仕組みもある」と理解しておいてください。

●無許可譲受票は再発行できない

無許可譲受票は猟友会から発行される書類なので、有効期限（狩猟者登録証の有効期限まで）が満了して30日以内、または譲受けの上限に達したら遅延なく、猟友会へ返納します（どうにかして警察署長から発行を受けたら、警察署長に返納します）。また、「有効期間内に１人１枚」と決められているので、紛失をしても再交付を受けることはできません。

⑤ 猟銃用火薬類を輸入する場合

海外から物を輸入する場合は、一般的には経済産業省の許可が必要になりますが、猟銃用火薬類の場合は公安委員会が輸入の許可を出します。具体的な手続きは以下の通りです。

１．揚陸地・航空機が着陸する空港を管轄する警察署に『猟銃用火薬類等の輸入許可申請』を提出する。
２．「火薬の種類および数量」、「輸入目的」、「揚陸予定地」を変更する場合は、新たに許可申請を提出する。その他の項目については変更届を提出する。
３．輸入が完了したら、許可申請をした警察署に「輸入届」を提出する。

基本的に、猟銃に使う弾は日本国内にある火薬店（※銃も扱う場合は「**銃砲火薬店**」と呼ばれる）で購入するので、「自分で弾を輸入しよう！」と思う人は滅多にいないと思います。手続き的には不可能ではないものの、実際には様々な障壁があり、個人での輸入は現実的ではありません。

一点、日本で購入した弾を持って海外に行き、残弾を持ち帰ることは「輸入」として扱われる点には注意が必要です。ただ、海外の〝ハンティングツアー〟に行く人のほとんどは、現地で銃を借りて狩猟を行っています。それでも「自分の愛銃で狩猟をしたい！」という人は、弾は全弾を現地で消費し切ってしまうか、現地で返品し、日本には持ち帰らないようにしたほうが楽だと言えます。

⑥ 猟銃用火薬類の所持

<table>
<tr><td>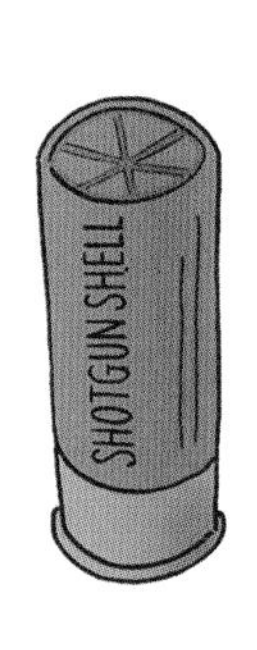

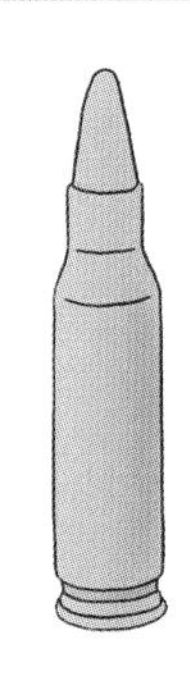
散弾実包　ライフル実包
装弾や弾頭、無煙火薬、雷管等がセットになった状態の火工品。装弾が充填されていない場合は『空包』と呼ばれる。</td><td>

無煙火薬
燃焼によるガスの圧力で弾頭を発射する。「黒色猟用火薬」という種類もある。</td><td>

銃用雷管
火薬を燃焼させるための炸薬。衝撃を受けると高温の火花を発生させる。</td></tr>
</table>

1．譲り受けの許可を受けた者が譲り受けて所持するとき。
2．狩猟者登録または鳥獣捕獲の許可を受けた者が、無許可譲受数量の範囲内で譲り受けて所持するとき。
3．輸入の許可を受けた者が輸入して所持するとき。
4．残火薬類の措置（譲渡または廃棄）義務が生じてのち、措置するまでの間所持するとき。

猟銃用火薬類は、上記以外では所持できません。少しわかりにくい表現ですが、要するに「猟銃用火薬類等譲受許可証」（公安委員会から発行）、「無許可譲受票」（猟友会・警察署長が発行）、「猟銃用火薬類等の輸入許可」（揚陸地・航空機着陸空港を管轄する警察署からの許可）のいずれかを受けた者でなければ、実包等を携帯・運搬・保管してはダメという意味です。

４は、例えば銃の所持許可が取り消されて実包等が消費できなくなった場合、火薬店に譲渡または廃棄を依頼するまでなら合法的に所持できるという意味です。

●自宅に保管できる数量

先に「火薬類は火薬庫に保管する」と説明しましたが、実を言うと猟銃用火薬類も原則としては火薬庫に保管しなければなりません。しかし下記の数量以内であれば、自宅で保管することができます。

実包と空包の合計	無煙火薬と黒色猟用火薬の合計	銃用雷管
800個	5キログラム	2,000個

●保管設備の基準

猟銃用火薬類を自宅に保管する場合は、「堅固で施錠できる設備に保管し、火災や盗難の予防に留意しなければならない」とされています。銃を保管する設備（ガンロッカー等）は『第２編．第３章．§３．猟銃・空気銃の保管の一般準則』で解説するように、かなり細かな基準があります。

しかし猟銃用火薬類に関してはそれほど細かい取り決めはないため、例えば貴金属を保管する『金庫』を使って保管する人もいるようです。特にこだわりが無いのであれば、「装弾ロッカー」を購入しましょう。

なお、どのような設備であれば良いかは、担当官とよく話し合って決めてください。「自動車のトランク」や「書類棚」などは、保管設備として認められていません。

⑦ 製造（セルフローディング）

装弾や薬莢、火薬類を組み合わせて実包を作る行為を、実包の「製造」といいます。この製造は、本来であれば経済産業省の許可を受けた者でなければならないのですが、下記の条件内であれば許可を受けなくても製造をすることができます。

１．狩猟者登録または鳥獣捕獲の許可を受けた者は、１日に実包と空包の合計100個以下。
２．標的射撃をする者は、１日に実包と空包の合計100個以下。
３．鳥獣の駆逐をする者は、１日に空包100個以下。

上記のように、無許可で製造を行うことを「手詰め」（「**セルフローディング**」または「**ハンドロード**」）と言います。

ハンドロードは、既製品（「ファクトリーロード」と呼ばれる）よりも安い値段で作れるというメリットがありますが、弾の種類（例えばクレー射撃用の実包）によっては逆に製造コストが高くなることもあり、さらに製造の失敗で自損事故や遅発・暴発が発生したとしても、銃メーカーは一切保証をしてくれません。しかし、精密性が重要となるライフル弾やハーフライフルの弾（サボット弾）、スラッグ弾では「自分の銃や射撃スタイルに合った弾を作りたい」という理由で、ハンドロードが行われています。

ちなみに、上記で「駆逐」という表現がありましたが、「駆逐」は「有害鳥獣を驚かして追い払う」行為を指すため空包が用いられます。一方「駆除」は「有害鳥獣を捕獲して取り除く」という意味が含まれるため実包を含みます。

⑧ 運搬

火薬は取り扱い方を間違えると火災を起こす危険な物質です。そのため、火薬類を「運搬」する場合は警察署に届出を出すなどの厳しい規制があります。しかし猟銃火薬類に関しては、他の火薬類のように運搬することに届出を出す必要はありません。ただし、次の要件を守って運搬しなければなりません。

1．盗難および紛失に注意すること。
2．他の物と混包したり、他の物とみせかけて運搬してはならない。

1は「当然のこと」のように思えますが、狩猟者が「山で実包を落とす」といった違反が多発しています。猟場で実包等を携帯するときは、弾帯や弾差し、シェルポーチなどに入れて持ち運びましょう。

2に関して実包等は〝他の荷物〟と一緒にしてはいけません。例えば猟銃を入れているガンカバーのポケットに弾を入れて運んでいると、違反となるケースがあります。自宅から猟場まで実包を運搬するような場合は、装弾ケースやアンモボックスなどの容器に入れましょう。

●公共交通機関で運搬する場合

他の火薬類に比べて運搬の規制が緩い猟銃用火薬類ですが、それでも危険物であることに変わりはありません。よって、火取法の規制ではありませんが、公共交通機関の規定や規則、運航会社のルールなどによって、以下のように運搬のルールが決められています。

交通機関の種類	猟銃用火薬類の種類と数量
列車	実包と空包の合計〝200 個以内〟 銃用雷管と銃用雷管付薬きょうの合計〝400 個以内〟 無煙火薬と黒色猟用火薬の合計〝1 kg 以内〟(容器含む)
バス	弾帯などに挿入してある実包または空包〝50 個以内〟
船舶	無炸薬実包、装薬薬莢および空包の合計〝200 個以内〟 猟用装弾〝400 個以内〟 無煙火薬と黒色猟用火薬の合計〝1 kg〟 (※上記の持ち込みは船長の許可が必要となる)
飛行機	機内持ち込み手荷物は不可。 ただし 5 kg（包装込みの質量）以下については、航空会社に申告することで、受託手荷物として預けることができる。 (※航空会社の内規により異なる場合が多いため、事前に要確認)

●郵便物としての配送は不可

火薬類は「郵便規制品」に指定されているため、郵便物として輸送することが禁止されています。よって狩猟や射撃等で遠征をする場合は手荷物として運搬するか、先方の火薬店に連絡をして購入に関する手続きを確認しておきましょう。

⑨ 消費

猟銃用火薬類を消費する（実包・空包の場合は「撃つ」）場合は、公安委員会から「消費の許可」を受けなければなりません。しかし、狩猟や射撃スポーツに行くたびに、いちいち許可申請を出すというのは大変です。そこで以下の範囲内であれば、無許可で消費することが認められています。

無許可で消費できる条件	消費できる数量
1．狩猟登録または鳥獣捕獲の許可を受けた者が、鳥獣の捕獲又は駆除のために消費する場合	1日に実包と空包の合計100個以内
2．銃所持許可を受けた者が、標的射撃のために消費する場合	1日に実包と空包の合計400個以内
3．猟銃の所持許可を受けた者が、鳥獣の駆逐のために消費する場合	1日に空包100個以内

上記の消費許可申請は、〝消費地を管轄する警察署〟に提出します。例えば、よその都道府県内で開かれる射撃大会に出場する場合は、その大会が開かれる射撃場を管轄する警察署に申請をします。狩猟や有害鳥獣駆除が目的の場合は、その猟場がある場所を管轄する警察署になります。

余談ですが、狩猟や駆除で「1日に100発以上射撃をする」という機会は滅多にありません。よって狩猟や有害鳥獣駆除では、一応知識として持っておくとして、現実的にはそれほど気にする必要はないといえます。

「標的射撃400個以内」というのは、遊びで射撃を楽しむぐらいであれば、十分な数量です。しかし射撃スポーツの大会を目指すような人はこの上限を超えて練習することもあるので、忘れずに消費許可の申請を行いましょう。

⑩ 残火薬の措置

残火薬が発生した場合は、一般社団法人日本火薬銃砲商組合連合会に加盟している火薬販売店等（「銃砲火薬店」と呼ばれるお店）に廃棄を依頼するなどの手続きを行います。くれぐれも〝燃えるゴミ〟に実包などを捨ててはいけません。このような事案は過去に何度か起きており、そのたびに大問題になっています。

●〝残火薬〟となる条件

1．狩猟者登録の満了後**1年**を経過したとき。
2．有害鳥獣駆除等の用途で猟銃用火薬類を譲り受けた場合、許可または従事者証の有効期間が満了して**3か月**を過ぎたとき。
3．銃の所持許可が取り消されたなどの理由で、猟銃用火薬類を消費することを要しなくなったとき（猟銃用火薬の消費許可が取り消された場合も含む）。
4．相続などで猟銃用火薬類等の所有権を取得した者が、その火薬類を消費することを要しなくなったとき。

上記の条件を満たした猟銃用火薬類は、**残火薬**として扱わなければなりません。

3は、銃の所持許可を失った場合は実包を消費するアテが無くなるため、残火薬として廃棄等が必要になります。4の場合も同様に、遺族が相続された弾に合う譲受許可を持っていないのであれば、残火薬になります。

1の「狩猟」の用途で弾を購入したときは、ちょっと注意が必要です。まず、狩猟の用途で猟銃用火薬類が所持できるのは、猟期直前に「狩猟者登録証」の交付を受けてからです。よって「狩猟者登録の満了後1年」というのは、「**翌年度の猟期の終わりまで**」を意味します。例えば令和5年 11 月1日に弾を購入した場合、その猟期が「満了（令和6年2月 15 日）」して、「1年後（令和7年2月 15 日）」まで保管しておけるということです。

2は経済産業省の通達により、有害鳥獣駆除等の期限が切れて3カ月を経過した猟銃用火薬類は、残火薬として処理しなければなりません。

●狩猟・有害鳥獣駆除の残火薬は標的射撃で消費する

「標的射撃」の用途で譲受許可を得た実包等は、狩猟や有害鳥獣駆除に使用することはできません。しかし、無許可譲受票や「狩猟・有害鳥獣駆除」で譲受許可を得た実包等は、標的射撃で消費することができます。これは、「狩猟や有害鳥獣駆除の〝練習〟のため」という名目になっています。よって、狩猟や有害鳥獣駆除で発生した残火薬は、猟友会が主催する射撃会などで消費してしまうのが良いでしょう。

ちなみに、火薬店で残火薬を廃棄してもらうのは有料で、〝1発 100 円〟ぐらいかかります。自宅に保管できる上限の 800 発を廃棄すると8万円 !?…残火薬は発生させないように心がけましょう。

⑪ 事故届け

銃と同じく猟銃用火薬類も、紛失したり盗まれたりした場合は遅延なく警察官に遺失物届けをださなければなりません。道端に実包が転がっていると大問題に発展するので、絶対に落とさないように携帯・運搬時の管理は徹底しましょう。

【第１編. 第３章の理解度チェック】

次の記述はすべて**間違っています**。どこが間違っているのかを答えなさい。

【例題１】
自宅で保管できる実包や空包は、合計 300 個以内である。

【例題２】
猟銃用火薬類は一定の数量以下であれば、堅固で施錠ができる設備や、車のトランクなどに保管しておくことができる。

【例題３】
郵便で猟銃用火薬類を運搬することは全面的に禁止されているが、他の荷物に梱包したり、「アウトドア用品」などの名目にすれば問題はない。

【例題４】
銃の所持許可が取り消されたなどの理由で残火薬が発生した場合は、速やかに自身の手で焼却処分をするか、一般ゴミとして処分しなければならない。この処置を怠ると火取法違反で処罰される場合がある。

【解説１】
自宅で保管できる実包や空包は合計 800 個以内です。

【解説２】
車のトランクは、猟銃用火薬類を保管する設備として認められていません。

【解説３】
品目を偽って火薬類を郵送することは違反になります。

【解説４】
残火薬は火薬店などに譲渡又は廃棄しなければならず、自身で処分するのは違反です。譲渡や廃棄の措置をするまでの間は、適法に火薬類を所持することができます。

第4章.

狩猟に関する法令

① 狩猟に関する法律

これまでの解説の中で触れてきたように、猟銃・空気銃はクレー射撃などの射撃スポーツ以外にも、「狩猟」や「有害鳥獣駆除」といった分野で利用されます。よって銃を所持する人は、たとえ狩猟・有害鳥獣駆除をする予定がなくても、これらに関する法律を知っておく必要があります。

とはいえ、狩猟・有害鳥獣捕獲等を定めている「**鳥獣の保護及び管理並びに狩猟の適正化に関する法律**」（通称「**鳥獣保護管理法**」）や、「鳥獣による農林水産業等に係る被害の防止のための特別措置に関する法律」（通称「**鳥獣被害防止特措法**」）などの内容は範囲が非常に広く、すべてをしっかりと理解するというのはなかなか困難です。

●狩猟をする人は、先に狩猟免許を取得しておくと効果的

しかも、本書の主な目的である猟銃等講習会（初心者講習）の考査では、この鳥獣保護管理法から出題される問題数は「1問出るか出ないか」と言われており、試験対策としてこの章の勉強に時間をかけるというのは効率が悪いと言えます。そこで本書では狩猟・有害鳥獣駆除等に関して、特に銃猟を行う人が知っておかなければならない内容を厳選して解説します。

なお、狩猟免許を取得するために鳥獣保護管理法の勉強は必ずしないといけません。よって狩猟や有害鳥獣駆除等を目的に銃を所持する人は、先に狩猟免許を取得しておいたほうが、効率的だと言えます。

●狩猟に関する決まりごと

決まりごと	内容
狩猟鳥獣	捕獲することができる野生動物の種類、一日に捕獲できる数など。
猟期	狩猟ができる期間。
狩猟ができない場所	狩猟を禁止・休止している場所（鳥獣保護区・休猟区）。 銃が制限されている区域（特定猟具使用禁止区域）。 その他、公道、公園、寺院など。
禁止猟法・危険猟法・法定猟法	狩猟で禁止されている禁止猟法と危険猟法。 狩猟をするのに狩猟免許と狩猟者登録が必要になる法定猟法。
狩猟免許と狩猟者登録	狩猟免許（第一種銃猟・第二種銃猟・わな猟・網猟）。 狩猟をする都道府県に対して、毎猟期ごとに狩猟者登録を行う。

鳥獣保護管理法に定められた「狩猟の決まりごと（**狩猟制度**）」は、大きく上表のようになっています。狩猟に関する必要最低限の知識ですが、覚えておきましょう。

●狩猟制度は数年で見直され、都道府県単位でも変わる

なお、これら狩猟制度は４年を目途に見直されるようになっています。そのため、例えば「バン」や「ゴイサギ」という野鳥は狩猟をしてもよい「狩猟鳥獣」に指定されていましたが、令和４年度より指定が外れて狩猟ができなくなりました。

また、狩猟制度の管理は原則として都道府県ごとに行われており、狩猟鳥獣に指定されている野生鳥獣に捕獲規制がかかったり、猟期の延長・短縮が行われたりと、都道府県によって違いがあります。よって実際の狩猟では都道府県が公表する情報を猟期前に確認しておく必要があります。

●「狩猟制度」とは異なる「捕獲許可制度」

日本国内で野生鳥獣を捕獲できる制度には、上記の狩猟制度以外も、「**捕獲許可制度**」が存在します。これは環境大臣または都道府県知事（「鳥獣被害防止特措法」で定める条件であれば市町村長）が、農林水産業被害防止や研究目的などの条件に限り、指定された野生鳥獣の捕獲行為を〝許可〟する制度です。

この捕獲許可制度は狩猟制度とは異なるため、後述する「狩猟鳥獣」や「猟期」といった定めはありません。よって、この制度内で狩猟をする人たちは「狩猟者（レジャーハンター）」ではなく、「**対象鳥獣捕獲員**」や「**捕獲従事者**」（通称「猟師」または「プロハンター」）と呼ばれています。「有害鳥獣駆除」の用途で銃の所持許可を受ける場合は、これらの肩書を得るための許可や資格などが必要になります。

② 狩猟で捕獲できる『狩猟鳥獣』

日本にはおよそ567種の野鳥と、165種の陸生哺乳類が生息しています。これらの野生鳥獣はすべての種が法律で〝保護〟されているのですが、その中のいくつかの種類は、ある一定の時期・場所で保護が〝解除〟されます。この保護が解除される野生鳥獣の種類は「**狩猟鳥獣**」と呼ばれており、令和４年度の時点では**獣類20種**、**鳥類26種**（ヒナ・卵を除く）の**計46種**が指定されています。

狩猟鳥獣には、獣ではイノシシやニホンジカ、ツキノワグマといった大型の獣から、タヌキやキツネ、ノウサギといった中小型獣。野鳥では、マガモやカルガモといった渡り鳥や、キジ、キジバト、スズメなどがいます。

③ 狩猟ができる期間『猟期』

狩猟ができる期間は「猟期」と呼ばれており、次のように定められています。

1．毎年**11月15日から翌年2月15日**までの３カ月間。
2．「猟区」と呼ばれる区域においては、毎年10月15日から翌年3月15日まで。
3．北海道では、毎年**10月1日から翌年1月31日**まで。
4．北海道の「猟区」では、毎年9月15日から翌年２月末日まで。

猟期の原則は上表の通りですが、先に述べたように狩猟制度は都道府県によって変えることが可能なので、例えば「○○県はイノシシ・シカに限り11月1日から3月15日まで」といった具合に細かに設定されていることもよくあります。

なお、「猟区」というのは狩猟用として特別に設けられた区域なのですが、現在の日本には猟区に指定されている地域は北海道２カ所を除いてほとんどありません。よって、実質的にはそれほど気にする必要はありません。

また、「青森・秋田・山形県では「カモ猟」に限り10月15日〜3月15日まで」という決まりがありましたが、令和４年度より撤廃されています。

④ 狩猟ができない場所

海外では「狩猟ができる場所」を定め、「そこ意外では狩猟禁止」とすることが一般的ですが、日本の狩猟制度では「狩猟ができない場所」が定められているため「狩猟ができない場所〝以外〟であれば、狩猟ができる」という仕組みになっています。このように日本において「狩猟ができる場所」には法律的な用語は無いのですが、通称として「**猟場**」や「可猟区」、「乱場」といった呼び方がされます。

●鳥獣保護のために狩猟ができない場所

「狩猟ができない場所」の中には、その場所が野生鳥獣の重要な繁殖地であったり、希少な野生動物・植物が多い、などの理由から狩猟を禁止している場所があります。このような場所は「**鳥獣保護区**」と呼ばれており、環境大臣や都道府県知事が指定しています。

また猟場であっても、その地域の狩猟鳥獣が著しく減少しているといった理由がある場合、都道府県知事は〝3年以内〟の期間を定めてその場所を「**休猟区**」に指定することができます。

このような鳥獣保護区や休猟区の情報は、毎年猟期前に都道府県から「鳥獣保護区等位置図」(通称「ハンターマップ」)で公開される他、これらの場所には看板が立てられています。なお、このような場所から獲物を追い出して狩猟をする行為は禁止されています。

●危険防止のため狩猟ができない場所

前述した「鳥獣保護のために狩猟ができない場所」以外にも、「人の身体や生命、財産を危険にさらさないために狩猟が禁止されている場所」もあります。具体的には下表のとおりです。

1.「**特定猟具使用禁止区域**」または「**特定猟具使用制限区域**」
2. 公道(道路の法面を含む)
3. 公園、その他、これに類する場所
4. 社寺境内、墓地

1は、主に「銃を使って狩猟をするのは禁止」とする区域で、通称「**銃禁エリア**」と呼ばれています。銃猟をするハンターは、特にこの銃禁エリアに注意しておかなければなりません。また近年は、湖や池などで「鉛弾を使ってはいけないエリア」というのもあります。これらの情報は鳥獣保護区などと一緒に、ハンターマップに記載されています。

2は、「一般公衆の通行に使われる道」のことで、道路上で狩猟をすることが禁止されています。なお「道路」には車道や歩道だけでなく、私道や林道なども含まれます。

3は、住宅地にあるような一般的な「都市公園」だけでなく、自然公園法に規定される「特別保護区」や、自然環境保全法に規定する「原生自然環境保全地」なども含まれます。「その他」に関しては、要するに「不特定多数の人が出入りするような場所」で狩猟をするのは禁止という意味です。

4は、静穏が必要な区域として、狩猟が禁じられています。

●土地の占有者の承諾が必要な場所

猟場であっても、例えば「さく」や「垣」に囲まれた土地、または作物がある土地で狩猟をする場合は、その土地の占有者（所有者ではなく、その土地を現に使っている人）に狩猟を行う〝承諾〟を受けなければなりません。

ただし勘違いをしないでもらいたいのが、このような場所以外では「承諾を受けなくても良い」というわけではありません。日本の土地はすべて〝誰か〟（国、地方自治体、法人、組合、個人など）が所有しています。その場所に生息している狩猟鳥獣は「無主物」（所有者はいない）なので捕獲することに問題はありませんが、その土地に無断で入ると〝不法侵入〟として訴えられる可能性があります。

実際に狩猟を行う際は、その土地の慣習やローカルルール、その土地を使う狩猟者同士の取り決め（いわゆる「ナワバリ」）などを十分考慮して、「トラブルを起こさないこと」が重要になります。

⑤ 禁止猟法・危険猟法・法定猟法

日本の狩猟制度では、これまでに述べた狩猟鳥獣・猟期・狩猟ができない区域といった規則を守っていれば、〝誰でも〟（外国人であっても、子供でも）狩猟をすることができます。海外では狩猟が全面的に禁止されていたり、高額な税金を払わなければできなかったりする中、日本の狩猟は万人に開かれた、世界的・歴史的に見ても珍しい制度になっています。

とはいえ、誰も彼もが好き勝手な方法で狩猟鳥獣を捕獲していると、人の身に危険が生じたり、乱獲によって生態系が崩れてしまったりといった問題も生じます。そこで狩猟制度には「狩猟で使用を禁止する方法」が定められています。

●人の生命に危険を及ぼす可能性がある『危険猟法』

危険猟法とは、「直接的、または間接的に人間の身体や生命・財産に危険を及ぼす可能性のある方法で狩猟をすること」を指します。具体的には以下の通りです。

1．爆発物、劇薬、毒薬を使用する猟法
2．据銃
3．陥穽、その他人の生命又は身体に重大な危害を及ぼすおそれがあるわな

1は、当たり前の話ですが、爆発物や毒物を使って狩猟をすると、人の命を脅かす危険性があるので禁止されています。

2は、据銃（すえじゅう）と読み、銃の引き金にワイヤーを取り付けて道に張っておき、獲物がそのワイヤーに触れると自動的に弾を発射する「仕掛け銃」です。古くは仕掛け弓（アマッポ）などで狩猟が行われていましたが、誤って人がかかり死傷させる事故が多発したため、現在では禁止されています。

３は、陥穽（かんせい）、いわゆる「おとしあな」は、誤って人を死傷させることがあるため禁止されています。その他にも「大岩を転がして獲物を押しつぶす」といった方法も危険猟法に抵触します。

●銃猟の制限

銃猟の場合は、次のような場合も危険猟法として禁止されています。

1．日の出前、および日没後における銃猟
2．住宅の密集地や広場、駅、その他多数の人が集合する場所での銃猟
3．人、飼養もしくは保管されている動物、建物、電車・自動車・船舶などの乗り物に向かって銃猟を行うこと

１により、**銃猟は「日の出」から「日没」まで**の間でしか行えません。この「日の出・日没」は、国立天文台から公表される時間（暦）であり、〝感覚的な〟日の出・日没ではありません。また、日の出・日の入りの時間は都道府県によって異なるため、銃猟ができる時間帯も都道府県によって若干変化します。

２は、どのくらい家があれば「住宅密集地」と言えるのかは、過去に最高裁の判例が出ており、「半径 200 m以内に住家が 10 軒以上」で「住宅密集地」と判断されるようです。判例がどうであれ、「近くに家があったら銃は撃たない」という考えが基本になります。

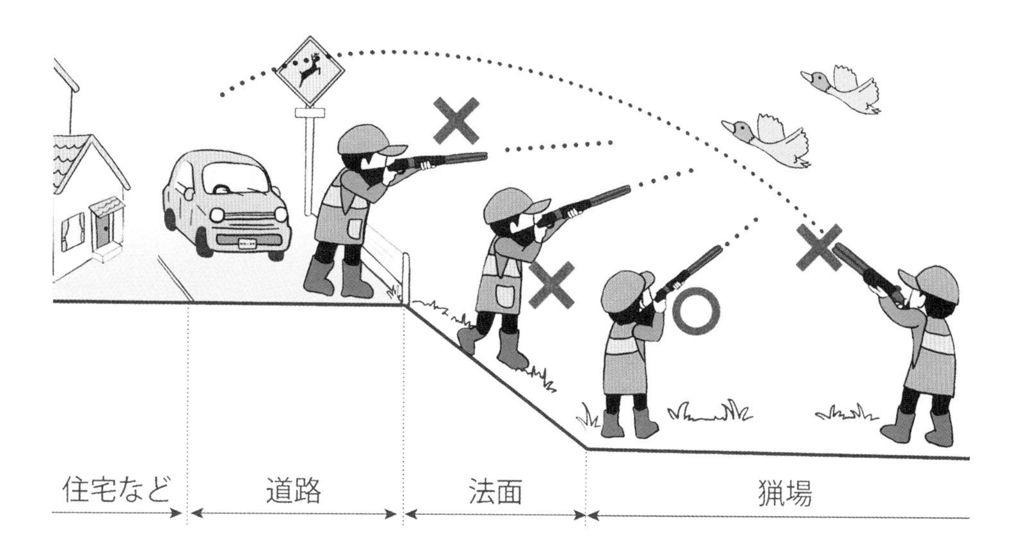

銃猟をするうえで特に注意が必要なのは３の「弾の発射方向」です。例えば上図のように、発射した場所が猟場であっても、その弾が住宅や道路を超えてしまうと違反になります。

●錯誤捕獲を防止する目的などから禁止されている猟法

次にあげる方法で狩猟をすることは、捕獲した狩猟鳥獣をむやみに苦しませてしまったり、狩猟鳥獣でない野生鳥獣を捕獲（錯誤捕獲）した場合に死傷させてしまう、といった理由で禁止されています。

1．口径の長さが 10 番を超える銃器を使用する猟法。
2．構造の一部として３発以上の実包を充填することができる弾倉のある散弾銃を使用する猟法。
3．空気散弾銃を使用する猟法。
4．ライフル銃を使う猟法。ただし、ヒグマ、ツキノワグマ、イノシシ、ニホンジカに限っては、口径が 5.9 ㎜を超えるライフル銃を使用可能。
5．飛行中の飛行機、もしくは運行中の自動車、または５ノット以上の速力で航行中のモーターボートの上から銃器を使用する猟法。
6．ヤマドリおよびキジの捕獲等をするためテープレコーダーなどを使用する猟法。キジ笛を使用する猟法。
7．犬にかみつかせることのみにより捕獲等をする方法、犬にかみつかせて狩猟鳥獣の動きを止め、もしくは鈍らせ、法定猟法以外の方法により捕獲等をする猟法。
8．ユキウサギ及びノウサギ以外の対象狩猟鳥獣の捕獲等をするため、はり網を使用する方法（人が操作することによってはり網を動かして捕獲等をする方法を除く）。
9．かすみ網を使用した猟法。
10．同時に 31 以上の罠を使用する猟法。
11．鳥類、ヒグマ、ツキノワグマを罠で捕獲すること。
12．イノシシ、ニホンジカを捕獲する〝くくり罠〟で、輪の直径が 12 ㎝より大きい、もしくはワイヤーの直径が４㎜未満、もしくは締付け防止金具、よりもどしが装着されていないもの。
13．イノシシ、ニホンジカ以外の獣類を捕獲する〝くくり罠〟で、輪の直径が 12 ㎝より大きい、もしくは締め付け防止金具が装着されているもの。
14．おし、とらばさみ、つりばり、とりもち、矢（吹き矢、クロスボウなど）を使用すること。

上記で、特に**銃猟と関係があるのは１～５**です。まず１，２，３については、『第１編．第２章．§2-3．銃に対する欠格事由銃』で解説した内容が関係してきます。例えば１の「口径が 10 番を超える銃器（散弾銃）は、狩猟では使用禁止」なので、銃の所持許可の要件は「12 番」までしか所持できません（「８番」が所持できるのは狩猟制度ではなく捕獲許可制度で許可が下りる場合のみ）。

２の「３発以上を充填できる散弾銃は使用禁止」なので、所持許可も下りません。また３により、空気銃の一種である「空気散弾銃」は許可の対象になりません。

一つわかりにくいのが４で、狩猟に使えないライフル銃の口径は「5.9㎜〝以下〟」です。これは、小口径のライフル銃は獲物を半矢（しとめ切れずに逃げられてしまう）状態に置く可能性が高いためです。しかし銃の欠格事由では「10.5㎜を超える口径」は所持できないため、結果的に狩猟用途で所持できるライフル銃は「口径6.0㎜（23口径）から10.4㎜（40口径）」に限られます。なお、「5.9㎜以下」は狩猟には使えませんが、「5.5㎜（22口径）」の小口径ライフルはオリンピックのスモールボアライフル競技で使われています。この「ライフル銃の口径」は頭がゴチャゴチャになりやすいので注意しておきましょう。

５は「自動車の中や動かしている船の上から発砲して狩猟はできない」という決まりです。「運行中の自動車」という言葉はしばしば誤解されていますが、これは「動いている自動車」という意味だけでなく「駐車場から出た自動車」という意味も含まれます。よって、例え停車している自動車であっても、その中から発砲すると違反になります。

●狩猟免許と狩猟者登録が必要になる『法定猟法』

日本の狩猟制度では禁止されている猟法以外であれば、誰でも自由に狩猟ができます。しかし数ある猟法の中で、「装薬銃」、「空気銃」、「わな」、「網」と呼ばれる道具を使って狩猟をする場合は、それぞれに対応する狩猟免許を取得しなければならないとされています。この４種類の道具を使って狩猟をすることを「**法定猟法**」と言い、これら道具は「**猟具**」と呼ばれています。

⑥ 狩猟免許と狩猟者登録

狩猟免許の区分と猟具は、次のように定められています。

狩猟免許区分	猟具
第一種銃猟免許	猟銃（散弾銃、ライフル銃、散弾銃及びライフル以外の猟銃)、および空気銃
第二種銃猟免許	空気銃（エアライフルなど）
わな猟免許	くくりわな、箱わな、箱落とし、囲いわな
網猟免許	むそう網、はり網、つき網、なげ網

上表のとおり、猟銃を使って狩猟がしたい場合は、**第一種銃猟免許**を取得します。空気銃を使って狩猟をする場合は**第二種銃猟免許**を取得しますが、第一種でも空気銃で狩猟ができます。丁度、普通自動車免許における〝原動機付自転車〟のような仕組みになっています。

●狩猟を行う都道府県に狩猟者登録を行う

法定猟法で狩猟をする場合は狩猟免許だけでなく、毎年ごとに狩猟を行う都道府県に対して、狩猟を行う区分ごとに、狩猟税を支払って**狩猟者登録**を行います。例えば、あなたが「A県で銃猟（散弾銃）とわな猟、B県で銃猟（空気銃）」をしたいと思った場合、猟期が始まる前に「A県に対しては第一種銃猟と、わな猟の狩猟者登録申請」を、「B県に対しては第二種銃猟の狩猟者登録申請」を行います。

狩猟税の税額は、その人の所得によって変わる特例などもありますが、基本的には第一種銃猟16,500円、第二種銃猟5,500円、わな猟8,200円、網猟8,200円になっています。

また、狩猟者登録には「**3,000万円以上の損害賠償能力を証明する書類**」が必要になります。これは「3,000万円以上の預金残高証明書や有価証券報告書」などでも良いですが、大抵の場合は猟友会が行っている「狩猟事故共済保険」か、民間の保険会社が販売する「ハンター保険」に加入します。

複数の都道府県をまたいで狩猟する場合などは、狩猟税の支払いや手続きなどがかなり煩雑になるため、一般的には**猟友会**に所属して登録の手続きを代行してもらいます。猟友会の窓口となるのは、住所を管轄する**支部猟友会**という組織なので、場所や連絡先は**都道府県猟友会**に連絡をして聞きましょう（都道府県猟友会の連絡先は、インターネットで検索してください）。

●狩猟中は狩猟者登録証と狩猟者紀章を携帯

狩猟者登録が完了すると、都道府県より**狩猟者登録証**と**狩猟者紀章**（通称「ハンターバッヂ」）が交付されます。狩猟中はこの登録証を必ず携帯し、紀章は帽子や上着の胸元などの人目に付く位置に装着しておかなければなりません。狩猟者登録証は、狩猟中に鳥獣保護員や土地の占有者、警察官などに提示を求められたら、これを拒んではいけません。

なお、銃猟を行う場合は、狩猟者登録証と併せて、銃の所持許可証もセットで携帯しておかなければなりません。

●狩猟者登録証の書換え・返納

引っ越しや結婚などで住所や氏名に変更があった場合、狩猟者登録関連の〝行政窓口〟（都道府県によって名称が異なるが、住所を所轄する「農林事務局」や「地域振興事務所」などの出先機関が担当している）に、狩猟者登録証の書換え申請が必要になります。住所や氏名が変わった場合、銃の所持許可証も併せて書換えを行わなければならないので、その足で所轄警察署に向かいましょう。

猟期が終了したら、〝30日以内〟に狩猟者登録証を返納します。返納先は狩猟関係の行政窓口ですが、猟友会に入っていれば猟友会経由で返納し、併せて無許可譲受票も返納しましょう。

なお、狩猟者紀章は返納する必要はありません。記念にとっておきましょう。

【第１編. 第４章の理解度チェック】

次の記述はすべて**間違っています**。どこが間違っているのかを答えなさい。

【例題１】
猟銃または空気銃の所持許可を受けた者は、猟期に限って自由に銃猟をおこなうことができる。

【例題２】
道路上から銃猟をする行為は禁止されているが、弾が道路を飛び越えるぶんには違反行為にあたらない。

【例題３】
狩猟免許には、散弾銃、ライフル銃、空気銃、わな猟、網猟の５つの区分が存在する。

【例題４】
銃猟を行うとき狩猟者紀章を装着し、銃の所持許可証を携帯する。狩猟者登録証は自宅に保管しておく。

【解説１】
銃猟を行う場合は猟銃・空気銃の所持許可を受けるだけでなく、猟銃の場合は「第一種銃猟免許」、空気銃の場合は「第二種銃猟免許（第一種でも可）」を取得し、狩猟を行う都道府県に対して狩猟者登録を行わなければなりません。

【解説２】
公道は狩猟を行ってはいけない場所に定められていますが、弾が公道を飛び越えるような発砲も「銃猟の制限」に違反します。

【解説３】
狩猟免許は、『第一種銃猟』（散弾銃、ライフル銃、ライフル銃及び散弾銃以外の猟銃、および空気銃）、『第二種銃猟』（空気銃）、わな猟、網猟の４種類の区分があります。

【解説４】
銃猟を行う場合は狩猟者紀章（ハンターバッヂ）を装着し、銃の所持許可証と〝狩猟者登録証〟も忘れずに携帯しましょう。

年少射撃資格認定制度とは？

第1編でお話したように、日本では銃の所持が厳しく規制されており、空気銃でも18歳未満の人は所持することができません。しかし、オリンピック種目にもなっている「10 mエアライフル競技」や「10 mエアピストル競技」を始めとした様々な〝射撃スポーツ〟の国力を伸ばすためには、若い人たちが銃という存在に慣れ親しむことができる制度を整える必要があります。

そこで生まれたのが、「特別な〝認定〟を受けた人（**年少射撃資格者**）であれば、10歳から18歳未満でも空気銃を所持できる」という『**年少射撃資格認定制度**』です。

●『年少射撃指導員』の空気銃を所持できる

この制度でいう「所持」は、これまで解説した一般的な銃の所持とは仕組みが大きく異なります。まず、年少射撃資格者は、『**年少射撃監督者**』と呼ばれる人が所持している『**指導用空気銃**（エアライフル・エアピストル）』を、指定射撃場内に限り所持することができます。

つまり年少者射撃資格者は、銃を自宅に持ち帰ったり、自宅で保管したりということはできません。指定射撃場以外で所持をすると、例え監督者がそばにいたとしても違反になってしまいます。

●年少射撃資格を申請をする方法は？

エアライフルなどについては日本スポーツ協会の加盟団体から、空気ピストルについては日本スポーツ協会からの推薦が必要になります。なお、通常の所持と同じように、人についての欠格事由も存在します。

●「射撃エリート」に選ばれたら、14歳から所持が可能になる

年少射撃資格者の中で、さらに「この子はオリンピックを狙えるッ！」と日本スポーツ協会からのお墨付きを受けた選手は、「射撃エリート」として推薦を受けることができます。射撃エリートに推薦された年少射撃資格者は、〝**14歳**〟から通常の所持と変わらない所持（自宅に保管することも可能）ができるようになります。

2021年の東京オリンピックでは、残念ながら日本人選手によるメダル獲得は叶いませんでした。しかし！年少射撃資格者たちの〝若いパワー〟で、日本の射撃スポーツ界を盛り上げてくれる日が来るよう期待しましょう！

第２編.

猟銃及び空気銃の使用、保管等の取扱い

第２編では、具体的な猟銃・空気銃の取り扱い方、構造や保管方法の注意点などについて解説をします。安全な射撃をするためには重要な知識となるので、しっかりと学んでいきましょう！

【第２編の構成】

第1章.

社会的責任を果たすために

この章では、「銃を安全に使用する」ために持っておかなければならない心構えを解説します。

① 「銃」は便利な道具にもなるし〝凶器〟にもなる

すでに第1編で再三再四お話をしてきましたが、皆さんが所持することになる〝銃〟という道具は、ひとつ扱い方を間違えると取り返しのつかない大事故につながります。世の中には『扱い方を間違えると危険な道具』は数限りなくありますが、「指先一つ」で人を殺めてしまう危険性のある銃は、やはり特別な道具だと言えます。

しかし、銃はそのような危険性を秘める一方で、正しい使い方をすれば非常に便利な道具です。「射撃スポーツ」や「狩猟」という形で楽しみを生みだすこともできますし、有害鳥獣駆除・駆逐という形で社会貢献にもなります。〝Guns don't kill people, people kill people〟（銃が人を殺すのではなく、人が人を殺すのだ）という有名な言葉があるとおり、銃を便利な道具として使うのも、凶器として使うのも、所持者自身なのです。

② 銃の所持者が心得ておくこと

銃を所持する人は、以下にあげる内容を心得としておきましょう。

1．銃や実包の盗難に注意し、万が一にも犯罪に使われないように厳正に管理すること。
2．銃の構造に関する基礎知識を身につけて、〝暴発〟などの予期せぬ事故が起きないようにすること。
3．弾の飛ぶ距離や速度、威力など、弾に関する知識を習得しておくこと。
4．猟銃を所持する者は、実包等の火薬類に関する知識も習得しておくこと。
5．火薬類については、運搬方法や保存方法などを理解しておくこと。

6．射撃練習を通して、所持している銃に慣れ親しみ、心に余裕をもって銃を取り扱えるようになること。
7．銃を手にしたときに何かしらの不具合を感じたら、すぐに銃砲店で検査を受けて、故障がある場合は速やかに修理を行うこと。
8．射撃を行う寸前に何らかの異常や異変を感じたときは、ただちに射撃をやめる自制心を養うこと。
9．銃砲刀剣類所持等取締法など関連する法律の知識を身につけること。
10．「法律」に限らず、射撃や狩猟に関する正しいルールやマナーを身につけること。
11．狩猟や有害鳥獣駆除を行う人は、猟場の地形や、獲物の特性などの知識を身につけること。
12．狩猟では獲物を捕獲することに固執せず、逃げられた場合は速やかに脱包すること。
13．銃を扱っているときだけでなく、日常生活のあらゆる場面で細心の注意を払う習慣を身につけること。

●銃を扱う人は自制心を養うことがとても大事

上表の『心得』はどの項目もとても大切なことですが、中でも8の〝自制心〟を養うことは特に心得ておいてください。

というのも、特に狩猟の現場では、先輩ハンターから「獲物が来たぞ！撃て撃て！速く撃て！」と急かされるようなシーンがよくあります。このときに誤射などの事故が起こったとしても、その全責任は「射撃を急かした先輩」ではなく「引き金を引いたあなた」にあります。よって、たとえ周りから「撃っても大丈夫」や「はやく撃て」と言われたとしても〝自分の頭〟で考えて、少しでも射撃に不安があれば「発砲しないッ！」と強く自制できる気持ちを身につけてください。

【第2編．第1章の理解度チェック】

銃を所持するうえで、あなたが思う「大切な心構え」を最低13個書き出してください。 書き終わったら②の表と見比べて、自身の思う「心構え」に足りていなかった分を確認しましょう。なお、13個以上書き出せた場合は、すべて正解です！

第2章.

銃の種類等

§1. 銃の種類

この章では、猟銃と空気銃の種類や構造について詳しく見て行きましょう。

① 猟銃・空気銃の名称

『第1編．第2章．§2-3．銃に対する欠格事由』でも解説をした通り、狩猟や標的射撃で所持できる銃は「猟銃・空気銃」と呼ばれる種類に限られます。この中で、猟銃はさらに「**ライフル銃**」と「**散弾銃**」、「**ライフル銃及び散弾銃以外の猟銃**」の３種類に分類されます。それでは、これらの銃はどのような仕組みになっているのか、詳しく見て行きましょう。

●猟銃・空気銃の構造と名称

銃の構造や部位の名称は、種類やメーカーの設計によっても大きく異なりますが、基本的な構造としては次ページ図のようになります。考査には出ないと思いますが、下表の用語も紐づけて覚えておくとよいでしょう。

部位の名称	別称
銃口	マズル
照星・照門	フロントサイト・リアサイト、併せて「サイト（照準器）」
銃身	バレル
元台（銃床）	ストック
床尾板	バットプレート（バットパッド）
負管・負皮（負革）	スリングスイベル・スリング
握り	グリップ
用心がね・引き金	トリガーガード・トリガー
機関部（尾筒）	レシーバー。火薬が燃焼する場所はチャンバー

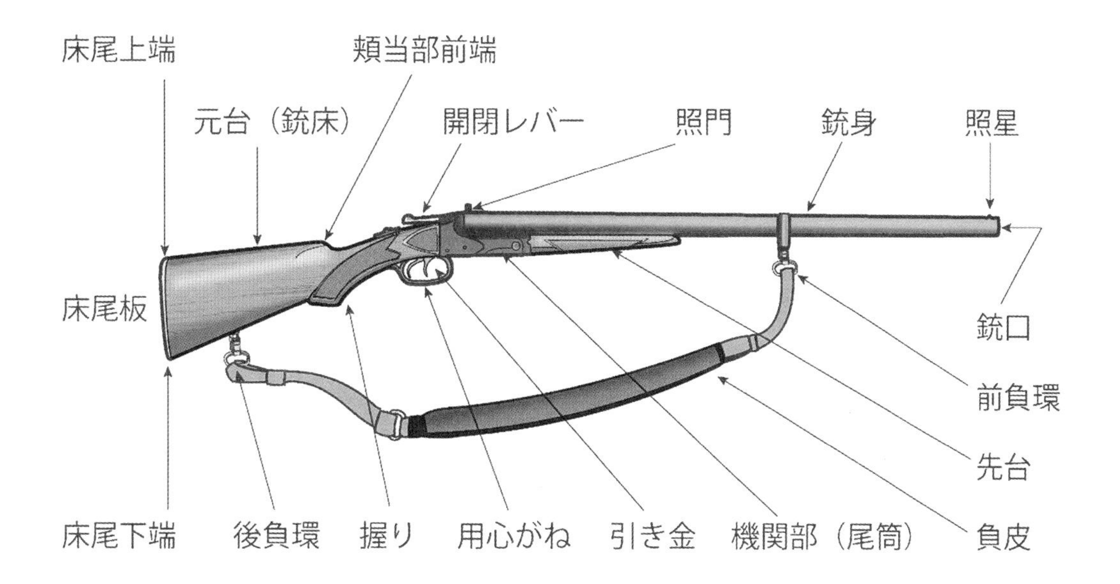

●『散弾銃』とは？

散弾銃は、多数の散弾群で標的を包み込むような弾を発射します。よって、急速に飛んでいる標的（クレー射撃のクレーピジョンや、カモなどの鳥）を撃ち落とすのに特化した銃になっています。

ライフル銃との最大の違いは、銃身の内部（銃腔）がツルツルになっている点で、このような銃身は平滑銃身（スムースボア）と呼ばれています。また散弾銃の銃身は、銃口に行くほど〝すぼまった〟形状をしており、この銃口部分を「**絞り**」（**チョーク**）と呼びます。チョークには「全絞り（フル）」、「3/4 絞り（インプモデ）」、「半絞り（モデ）」、「インプシリンダ（1/4 絞り）」、「シリンダー（平筒）」、「スキート（銃口が広がる）」と、大きく６種類あり、「フル」に近いほど遠方での散弾のまとまりが密になり、「スキート」に近づくほど近距離で散弾の拡散が速くなります。散弾銃では、獲物の種類や獲物までの距離、クレー射撃の種目などに応じてチョークを変えることで、捕獲率や撃破率を高めることができます。

●『ライフル銃』とは？

ライフル銃は、１発の弾を正確に命中させることを目的とした銃です。一応、散弾銃にも「スラッグ弾」と呼ばれる単発弾があるのですが、ライフル銃の場合は銃腔内にある「**らせん状の溝**」（**ライフリング**）に弾頭をめり込ませて回転を加えながら発射することで、遠距離まで正確に弾を飛ばす仕組みになっています。

ライフル銃は、弾とライフリングの〝相性〟がとても重要になるため、銃に合う弾頭の重さや火薬量などを繰り返し試射して見つけ出さなければなりません。

●『ライフル銃及び散弾銃以外の猟銃』とは？

「**ハーフライフル銃**」や「サボット銃」と呼ばれるこの猟銃は、もともとは海外で「ライフルド・ショットガン（R.S.G.）」と呼ばれている銃で、ライフル銃のように銃腔にライフリングを持っている散弾銃です。

この銃は、「サボット」と呼ばれるケースに単発弾（スラッグ弾）を込め、それを散弾薬莢（ショットガンシェル）に詰めて発射するという仕組みになっています。サボットはライフリングにめり込みながら回転するため、結果的に中に入っているスラッグ弾を、ライフル弾のように回転させて精密に命中させることができます。

しかし、日本では「ライフリングを持つ猟銃はすべてライフル銃」という定義があるため、日本に輸入される際にライフリングを〝半分以下に削る〟という追加工が施されています。これによりこの銃は、散弾銃と同じ要件（「ライフル銃 10 年縛り」の要件を必要としない）で所持することが可能になっています。

●『エアライフル』とは？

『第１編．第２章．§2-3．銃に対する欠格事由』で触れたように、「空気銃」には様々な種類がありますが、中でも狩猟に特化した銃が「**エアライフル**」です。エアライフルはその名の通り、銃腔にライフル銃と同じようなライフリングを持ち、弾頭に回転を加えることで精密に飛ばすことが可能になります。

実を言うと、ひと昔前まで「空気銃猟」といえば、「キジバト（鳩）を撃つ狩猟」とされており、「そのパワーや精密性は〝お察し〟」程度に考えられてきました。しかし 2000 年代から急速にエアライフルは発展し、近年では「50 m先のカモやキジ」を仕留めることができるハイパワータイプも登場しています。

② 猟銃の機構による分類

猟銃は機構によって、いくつかの種類に分類することができます。それぞれ使用方法が大きく異なるので、代表的な物をいくつか見て行きましょう。

●元折単身銃

この銃は、銃身後端と機関部との接合部あたりで〝折れる〟構造になっており、この折れた部分に弾を装填してから元の形状に戻して、発射を行います。

このような構造は「**元折式**」と呼ばれますが、「中折式」や「ブレイクバレル」、「ブレイクオープン」という呼ばれ方もあります。

元折単身銃は、銃身が１本の〝単発式〟であることから、水平２連銃や上下２連銃が発達した現在においてはあまり見られなくなったタイプです。しかしエアライフルの世界では「スプリング式」と呼ばれるタイプの中には、現在でも元折単身タイプがよく見られます。

●水平２連銃

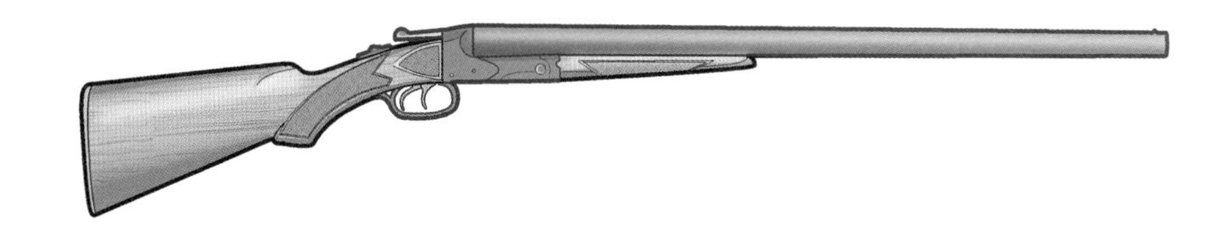

水平２連銃は、銃身が横に２本連なった構造をしており、それぞれの銃身に１発ずつ弾を装填することができます。ほとんどの場合は元折式で、引き金はそれぞれの銃身に対応した２本タイプ（**両引き**）と、１本の引き金で２発の弾が発射できるタイプ（**単引き**）があります。また機関部から撃鉄（ハンマー）が飛び出した**有鶏頭タイプ**と、撃鉄が内部に組み込まれた**無鶏頭タイプ**があります。古くから鳥撃ち用の銃として親しまれており、現在でも多数の愛好家がいます。

●上下２連銃

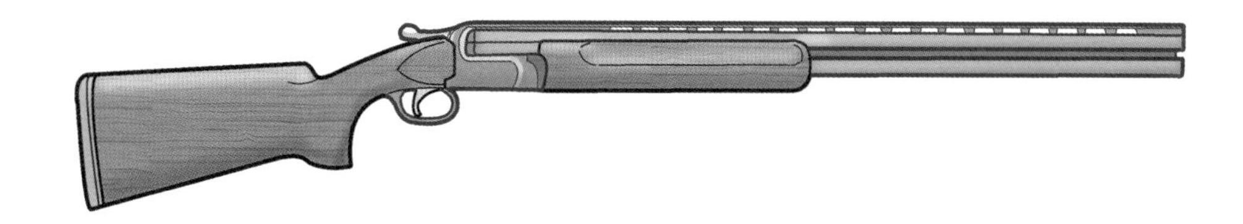

水平２連が横に並んでいるのに対して、**上下２連銃**は上下に銃身が並んでいます。左右に飛んでいく標的が見やすいこと、上下２本の銃身に異なるチョークを持たせることができること、また後に解説する自動装填式やスライドアクション式に比べて〝回転不良〟などのトラブルが起こりにくいことから、主にクレー射撃の用途で多く利用されています。

●ボルトアクション銃

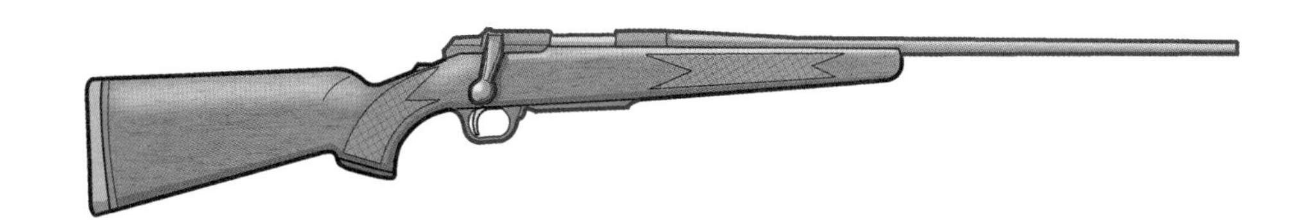

ボルトアクション銃は、ボルトを引いて・戻すことで、薬室の開放・閉鎖を行う方式です。精密性に優れることから、ライフル銃やハーフライフル銃に多く採用されています。狩猟用はマガジン（弾倉）が付いた連発式、標的射撃用の専用銃は単発式が一般的です。

●自動装填式銃

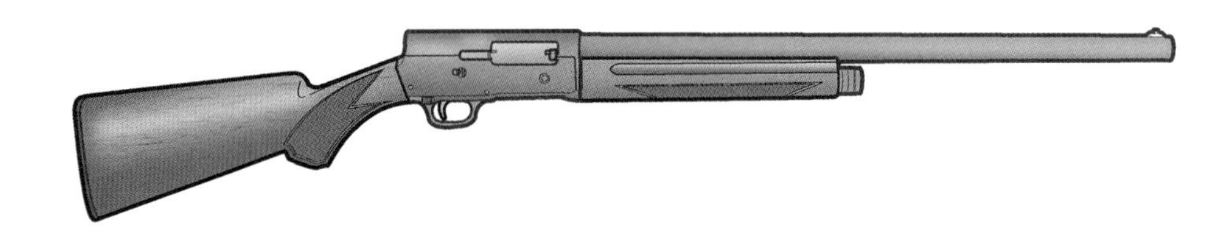

「**セミオート**」と呼ばれることも多い**自動装填式銃（自動銃）**は、火薬の燃焼ガスや反動を利用して排莢と装填を自動的に行う機構を持っています。

ライフル銃、散弾銃ともに多く採用されており、排莢・装填作業を気にせずに〝3連射〟できることから、主に狩猟用途で使われています。なお、「トリプルクレー」のような3連射が必要なクレー射撃競技では、この自動装填式銃がよく使われています。

●スライドアクション銃

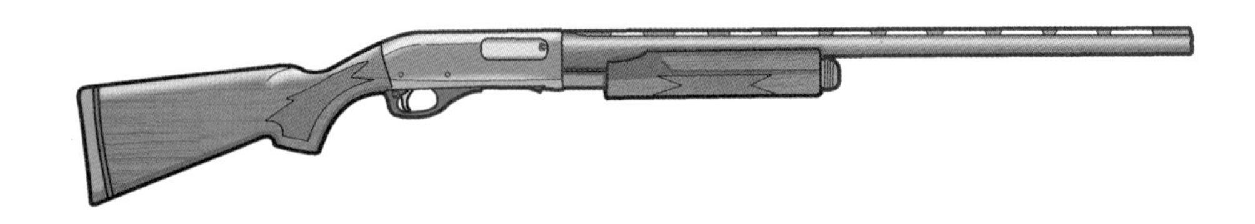

先台を前後に動かして排莢・装填操作を行う**スライドアクション銃**は、「リピートアクション」や「ポンプ銃」、「しゃくり銃」といった呼ばれ方もします。

自動装填式銃に比べて「排莢・装填作業に手間がかかる」という欠点がありますが、自動装填式は装弾量（発射する弾の重さ）が軽すぎたり、ガスポートが詰まっていたり、銃の構え方が悪く衝撃を受け流してしまったりすると、排莢・装填の機構が途中でストップしてしまう〝回転不良〟（ジャム）というトラブルが発生します。しかし、スライドアクション銃の場合は手動で操作を行うため、このようなトラブルが起こりにくいといった特徴があります。

●レバーアクション銃

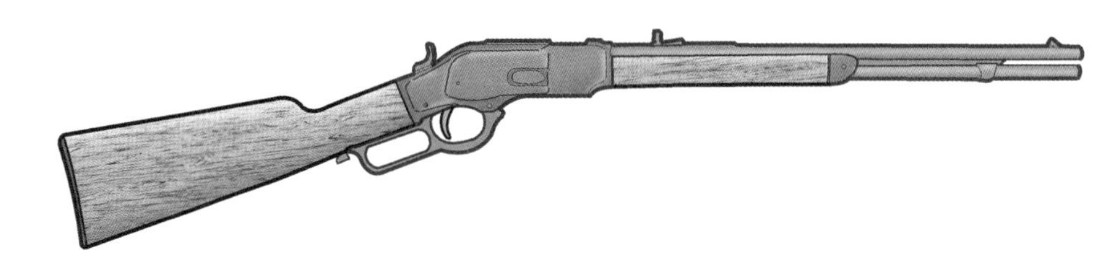

レバーアクション銃は、引金を囲む「用心がね」（トリガーガード）がレバーになっており、この部分を前後に作動させることで、排莢・装填作業を行う銃です。

この種の銃はライフル銃に多く、口径の小さい散弾銃でも少量ですが流通しています。

③ 空気銃の機構による分類

狩猟用の空気銃は、数十年前まではポンプ式、圧縮ガス圧式が多かったのですが、近年は**プリチャージ式**（PCP）と呼ばれる方式が圧倒的に多くなっています。

また、初心者講習のテキストである「猟銃等取扱読本」には、「狩猟に使用されるものは特異な付属物はない」、「単発式がほとんどで、まれに連発式のものもある」という記述がありますが、プリチャージ式は遠距離を狙うスコープや、5連発式の回転弾倉を持つのが一般的になっています。

とはいえ、もし考査で空気銃に関する上記のような記述が出てきたら…テキストの内容に従って答えてください。

●スプリング式

スプリング式の銃内部には強力なバネ（スプリング）の付いたピストンが入っており、バネを圧縮した状態でセットします。弾を装填して引き金を引くと、ピストンが勢いよく前方の空気を押し出すので、弾はその圧縮された空気の力で飛んでいきます。仕組みとしては注射器や水鉄砲のようなイメージです。

バネを圧縮する方法には、銃身がレバーになったブレイクバレル方式（中折式）と、銃身下や機関部側面に取り付けられたレバーを引くタイプ（アンダーレバー方式、サイドレバー方式など）があります。

●ポンプ式

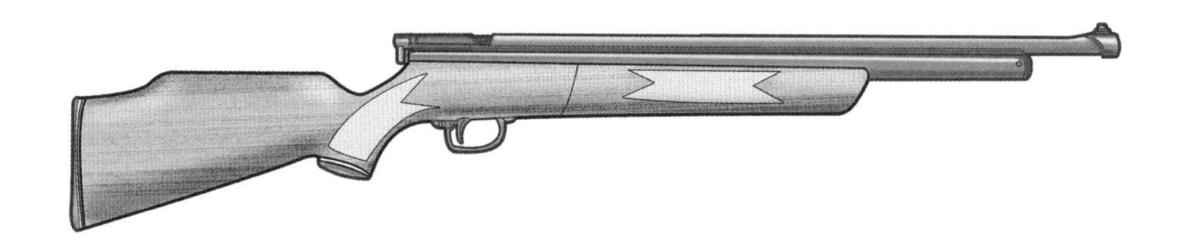

ポンプ式は、銃に取り付けられたレバーを数回手動で動かして蓄圧室に空気を溜め、引き金を引くことで溜めた空気を一気に放出して弾を飛ばす方式です。猟銃の「スライドアクション銃」との混同を避けるため、「マルチストローク式」と呼ばれることもあります。

ポンプの回数を上げると、数十メートル先のカモやキジといった大型鳥でも捕獲できるパワーを出すことができます。しかし、そのぶんポンプする回数が多くなるので、連射が難しいといった欠点もあります。

●圧縮ガス式

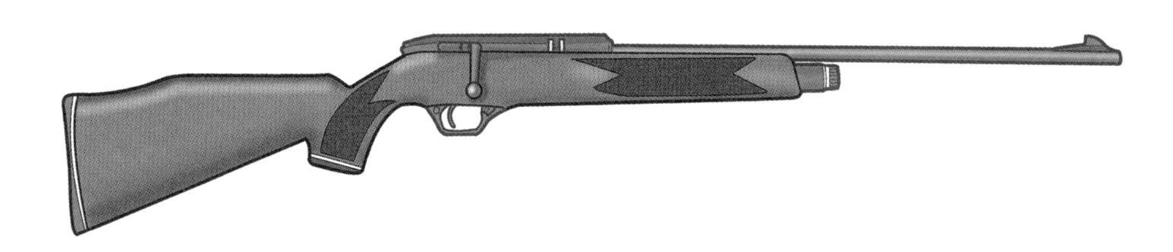

圧縮ガス式は液化炭酸ガスが入った小型ボンベを銃本体のチャンバー内に入れて蓋をし、その炭酸ガスが気化する圧力を使って弾を発射する方式です。

ひと昔前までは「ポンプ式よりも手軽に連発ができる空気銃」として人気がありましたが、「撃てば撃つほど膨張冷却でチャンバー内の温度が下がり、炭酸ガスが気化しにくくなる（射出圧力が低くなる）」といった問題もあり、プリチャージ式が主流になってからはほとんど見かけなくなりました。

●プリチャージ式

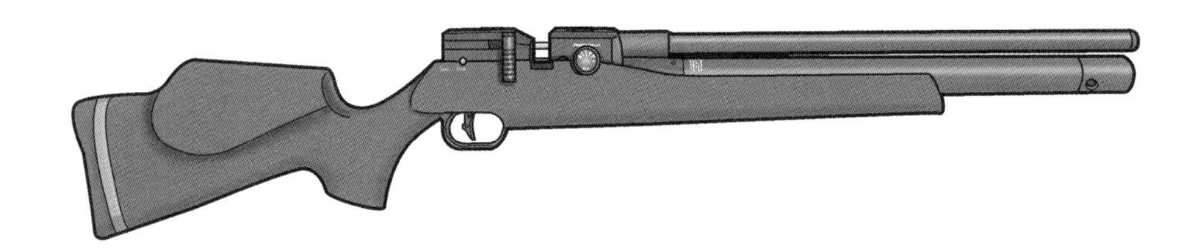

プリチャージ式（PCP）は、銃本体に取り付けられた小型ボンベ（エアシリンダー）に外部から高圧空気を注入し、その空気圧を小出しにして弾を発射する方式です。

高圧空気を充填する方法は、ハンドポンプ（自転車の空気入れの超強力タイプ）か、アクアラングなどに使われるエアタンクを使用します。

プリチャージ式のエアシリンダーには『200 気圧以上もの超高圧（※）』を貯めることができるため、そこから発射される弾も超強力になります。そのため、昔は「キジバトしか捕獲できない」と思われていた空気銃ですが、今では鳥猟の「新しいスタンダード」として注目されるほど進化しています。（※自動車のタイヤは 2.5 気圧程度）

【第２編．第２章．§１の理解度チェック】

次の記述はすべて**間違っています**。どこが間違っているのかを答えなさい。

【例題１】
飛んでいる鳥などの急速に移動する標的を撃つには、高速に弾丸を発射できるライフル銃が適している。

【例題２】
元折単身銃とは、銃口から弾丸を装填する構造の銃である。

【例題３】
水平二連銃は、１本の銃身に弾を２発込め、水平に２連発できる構造の銃である。

【例題４】
プリチャージ式は、液化炭酸ガスの小型ボンベをチャンバー内で気化させ、その炭酸ガスの圧力を使って弾を発射する空気銃である。

【解説１】
高速で飛翔する鳥や標的（クレー）を撃つには、多数の弾で標的を包む散弾銃が向いています。なお、鳥獣保護管理法では鳥類をライフル銃で狩猟することは禁止されています。

【解説２】
元折単身銃は、銃身後端と機関部との結合部が折れ、そこに弾を装填する方式の銃です。銃口から弾丸を装填する構造は「前装式」（マズルローダー）と呼ばれ、火縄銃などに使用されています。

【解説３】
水平二連銃は、２本の銃身が横に並べられている構造の銃です。銃身１本に対して１発の弾を発射できます。

【解説４】
液化炭酸ガスを使うのは「圧縮ガス式」です。プリチャージ式はエアタンクなどから銃本体に取り付けた小型ボンベに、空気を充填するタイプです。

§2. 撃発機構及び安全装置

「撃発機構」とは、銃の引き金が引かれて弾が発射されるまでの一連のメカニズムです。弾はどのように発射されるのか、詳しく見て行きましょう。

① 撃発機構の仕組み

引き金が引かれて弾が発射されるまでの仕組みや安全装置の仕組みを知ることは、銃の不調や故障を知ったり、〝不発〟や〝暴発〟といった問題を防ぐうえでも大切です。もしメンテナンス中や射撃中に少しでも違和感を覚えたら、すぐに銃砲店に修理してもらいましょう。

●撃発機構の仕組み

撃発機構を知るために、まず重要な部品について覚えておきましょう。

部品名	働き
1．引き金	射手の意思で逆鉤を作動させる。
2．逆鉤	撃鉄を拘束または開放する。
3．撃鉄	逆鉤が外れることで撃鉄が起動し、勢いよく撃針を打撃する。
4．撃針	撃鉄の打撃を受けて雷管を打撃し、起爆させる。

撃発機構は、銃の種類やメーカーの設計によって構造は大きく異なりますが、原理的には上表の１～４の部品が順番に作動して進みます。部品の配置について概略を右図に乗せているので、イメージを掴んでください。

② 引き金の重さ

引き金には「**重さ**」と「**遊び**」という２つの要素があります。まず「重さ」とは、逆鉤と『撃鉄の噛み合いが外れるまでに引き金にかける力』です。この重さが軽すぎると、引き金に少しの衝撃が加わっただけで撃鉄から逆鉤が外れ、意図せずに弾が発射される〝**暴発**〟を引きを超すリスクが高まります。

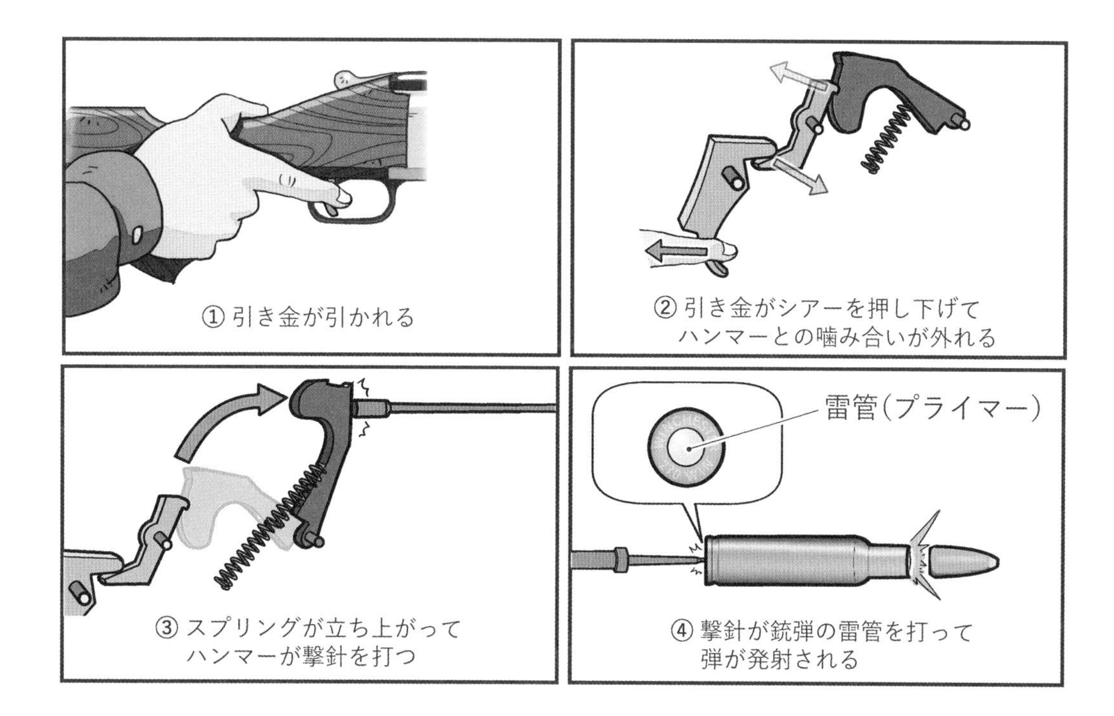

① 引き金が引かれる

② 引き金がシアーを押し下げて
ハンマーとの噛み合いが外れる

③ スプリングが立ち上がって
ハンマーが撃針を打つ

④ 撃針が銃弾の雷管を打って
弾が発射される

逆に、引き金が重すぎる場合、射手が「今だ！」と意識して引き金を引いた瞬間と、撃針が雷管を叩く瞬間にズレが発生するため、狙いが外れる原因になります。

一般的に、**射撃用の銃は、引き金の重さが 1.5 kg以上、狩猟用の場合は２kg以上**が目安とされています。狩猟用のほうが重くなっているのは、猟場は射撃場よりも足元が悪かったり、寒さで手が震えていたりと、不測の事態が発生しやすいためだと考えられます。

③ 引き金の遊び

遊び（クリープ）は、引き金が逆鉤に触れるまでの隙間を指します。この遊びは、引き金に軽く触れると「カタカタ」と音がなることで確認できます。

銃のことを知らない人は、しばしばこの〝ガタ付き〟を故障と勘違いすることがありますが、遊びは暴発を防ぐための大切な設計です。もし遊びが無いと、引き金に少し振動が加わっただけで逆鉤が作動する可能性があるため、とても危険な銃になってしまいます。

④ 次射不能時の注意点

次射不能は、連発式の銃において「次の弾が発射されない」というトラブルを指します。このトラブルには色々な理由がありますが、大きくは２つ問題が考えられます。

1．肩付けが悪くて発射時の反動を受け流してしまい、弾の排莢・再装填を行う機構が途中でストップしてしまった（回転不良）。
2．初矢（１発目）の引き金を引いた後に指の戻しが甘く、二の矢（２発目）の逆鉤が引き金にかからなかった。

1のトラブルでは、いくら引き金を引いても2発目は発射されません。しかし2のトラブルでは、引き金から指を離して再度引き直すと弾が発射されます。

よって、引き金に指をかけて「あれ？２発目が出ないぞ？」と銃を下ろし、「故障かな？」とうっかり引き金に指をかけた瞬間に「ズドンッ‼」…となってしまうかもしれません。次射不能のトラブルが出たときは、必ず「指の戻しが不足していた」というのを１番に考え、引き金に指をかけないようクセをつけましょう。

⑤ 薬室

薬室（**チャンバー**）は、実包を装填して発射準備状態にしておく部分を指します。火薬が燃焼すると銃の内部は一瞬にして高圧になるため、他の部分よりも厚く堅固に作られています。なお、火薬を使わない空気銃でも、弾を装填する部分は薬室と呼ばれます。

実包を装填した薬室は、元折れ式の場合は「**尾栓**（**ブリーチ**）」、ボルトアクション銃、自動銃やスライドアクション銃などは「**遊底**（**ボルト**）」という部品で閉鎖されます。

●薬室の閉鎖不良

銃を長く使っていると各部に「ガタ」が発生し、完全に閉鎖されていない状態になることがあります。このような状態は「**不完全閉鎖**」と呼ばれ、発砲すると火薬の燃焼ガスが噴き出して顔面や手に大ケガを負う危険性があります。例え燃焼ガスが噴き出さなくても、膨らんだ薬莢が薬室に張り付いてしまい、回転不良などの原因になります。

そこで銃を閉鎖するときは、元折銃の場合は「**開閉レバー**」の位置で完全に閉鎖されているかを確認しましょう。自動銃の場合は遊底に取り付けられたレバー（**遊底レバー**）の位置から、確実に閉鎖していることを確認してください。

なお自動銃の場合、遊底レバーの閉鎖は本体側面についている**閉鎖ボタン**（**ラッチボタン**）を押して行います。このとき遊底レバーを手にかけたまま閉鎖ボタンを押すと、不完全閉鎖になりやすいので注意しましょう。

⑥ 安全装置

銃には総じて「**安全装置**」という機能が備え付けられています。これはスイッチを入れると、安全装置の部品が引き金に噛み合い、**引き金が〝引けなくなる〟**仕組みです。

ここで勘違いしてはいけないのが、安全装置は「**弾が出なくなる仕組みではない**」ということです。先に述べたように銃の撃発機構は「逆鉤が撃鉄から外れる」ことで始動します。つまり引き金が引けなくても、銃に大きな衝撃が加わると逆鉤が外れて暴発が起こる危険性はあります。

「安全装置を入れているから大丈夫」と思い実包を装填したままにしていると、思わぬ大事故につながるため、絶対に行ってはいけません。

【第２編. 第２章. §2の理解度チェック】

次の記述はすべて**間違っています**。どこが間違っているのかを答えなさい。

【例題１】
引き金の「重さ」は、重くしたり、軽くしたりすることはできない。

【例題２】
猟銃は、散弾銃、ライフル銃、ライフル銃及び散弾銃以外の猟銃に分類され、「ライフル銃及び散弾銃以外の猟銃」とは主に「エアライフル」のことをさす。

【例題３】
猟銃の撃発機構は、引き金→撃鉄→逆鉤→撃針の順番で動き、実包の雷管を撃針が叩くことで火薬の燃焼が始まる。

【例題４】
猟銃の安全装置は、暴発を防ぐ作用がある。

【解説１】
引き金の重さは、部品のかみ合わせなどを調整することで重くしたり、軽くしたりすることができます。ただし、引き金の調整は専門の銃砲店に依頼をしましょう。

【解説２】
「ライフル銃及び散弾銃以外の猟銃」は、通称「ハーフライフル銃（サボット銃）」と呼ばれる装薬銃を指します。エアライフルは空気銃の一種です。

【解説３】
猟銃の撃発機構は、引き金→〝逆鉤〟→撃鉄→撃針の順番です。なお、空気銃（スプリング式以外）の場合は「撃鉄」が「ストライカー」という部品に置き換わり、ストライカーが空気を溜めている蓄気室やシリンダーのバルブを強く叩くことで空気が噴出する仕組みになっています。

【解説４】
安全装置は引き金の動きを止める作用しかなく、振動や強い衝撃を受けると撃鉄から逆鉤が外れる危険性があります。よって、暴発を防ぐ機構にはなっていません。

§3. 銃の威力と危険範囲

銃の弾は大きさなどで威力や最大到達距離が変わります。〝流れ弾〟による事故を起こさないためにも、理解を深めておきましょう。

① 銃の口径

銃口の大きさは〝**口径（キャリバー）**〟と呼ばれており、銃の種類によって表記方法や計測方法が変わります。

●散弾銃の口径

散弾銃の口径は「12 番」、「20 番」といった「**番（ゲージ）**」で表記されており、「〝1 ポンド（453.6 グラム）〟の鉛球弾を発射できる内径を持つ銃身を〝1 番〟として、重量の分割数で表す」と定義されています。つまり「12 番」の口径は「〝12 分の 1 ポンド（37.8 グラム）〟の鉛球弾を発射できる口径」という意味になります。この表記は「火砲」の考え方から来ており、「12 ポンド砲」と呼ばれる大砲や、「1 ポンド砲」（ポンポン砲）と呼ばれる対空砲などと同じ流れの表記法になっています。

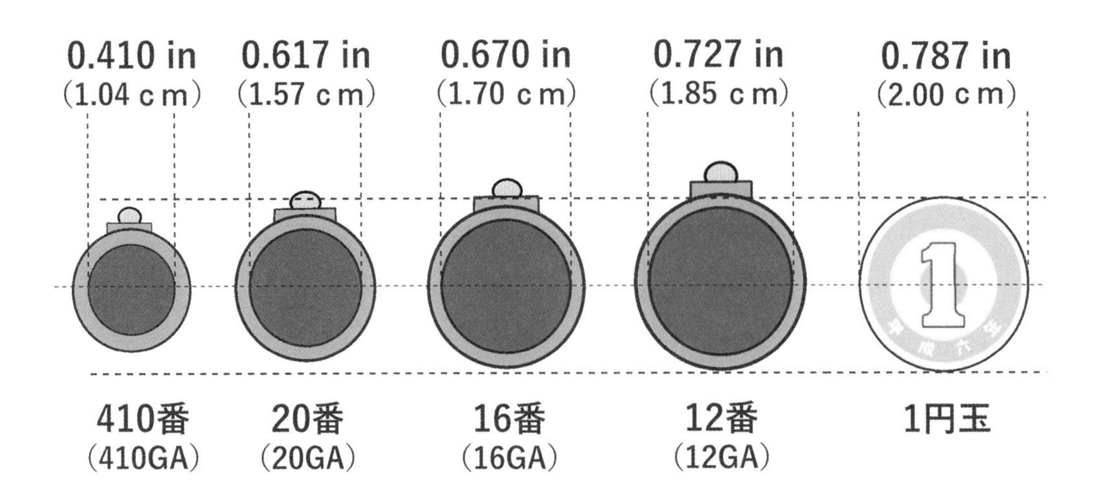

散弾銃の口径は色々な種類が存在しますが、現在では**12番、20番**の2種類（海外では16番も流通している）が主になっています。この中で最も一般的なのが「12番」で、標的射撃（クレー射撃）用途であれば「12番一択」と言えます。20番は主に狩猟用に用いられ、12番よりも銃が軽くなるので山を歩いて獲物を探すような狩猟スタイルに向いています。

なお、散弾銃の中には「**410番**」という種類もあり、これは先の表記法とは違い「0.41インチの銃腔内径」を意味します。20番よりもさらに軽量で発射時の反動が小さいことから「女性でも扱いやすい散弾銃」と言われてきましたが、近年では410番実包の入手性が悪いことから、女性狩猟者でも12番、20番を使う人がほとんどです。

●ライフル銃の口径

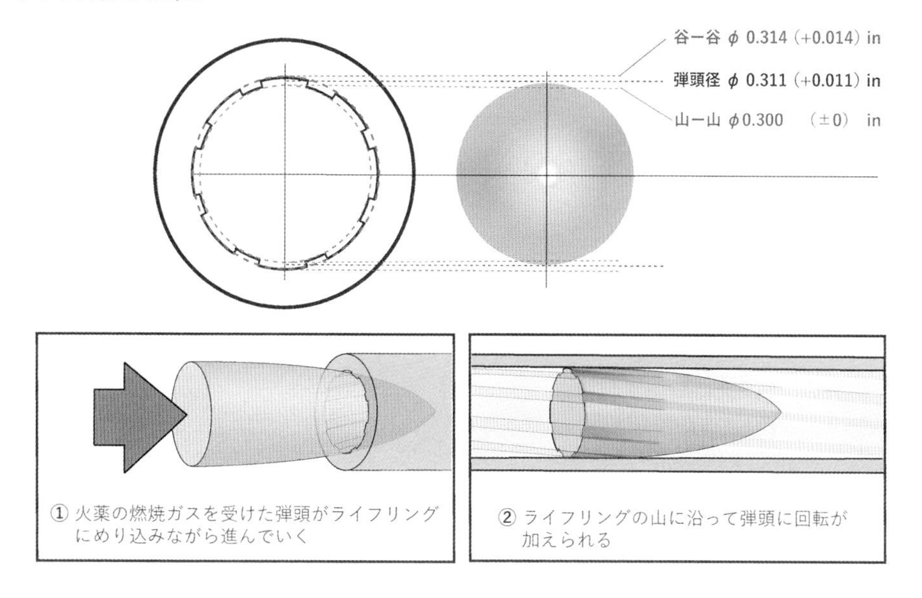

ライフル銃の口径は、散弾銃の「番径」のような一貫した表記がありません。というのも、ライフル銃は弾頭を銃腔内壁のライフリングに〝めり込ませて回転を加える〟という仕組みなので、直径を測る部分で長さが異なるからです。

また散弾銃の場合は「12番の散弾銃」には「12番の散弾実包」という具合に、口径のサイズで適合する実包の大きさを表すことができますが、ライフル銃の場合は同じ口径でも装填できる薬莢の種類が違います。例えば、「30-06スプリングフィールド」という薬莢に適合するライフル銃には「30-06スプリングフィールド実包」のみ装填することができ、他の弾は基本的には使用できません。「30-06スプリングフィールド」と同じ弾頭径（0.3インチ）を持つ実包に「308ウィンチェスター」がありますが、「30-06スプリングフィールド」に適合するライフル銃で「308ウィンチェスター」のライフル弾を撃つことはできません。ライフル弾の名称は基本的に「個々に付けられた名前」と覚えておきましょう。

●空気銃の口径

エアライフルの口径は、ライフリングの山一山で計測をされ、世界共通となっています。具体的に口径の種類は「4.5 mm、5 mm、5.5 mm、の３種類」になります…と「猟銃等取扱読本」には記載されているのですが、現在は上記に加え「7.62 mmと 6.35 mm」の計５種類が流通しています。

この中でスタンダードとされているのは、**射撃競技では 4.5 mm**一択で、**狩猟では 5.5 mm**口径がよく使われています。6.35 mmは 5.5 mmよりも命中時のパワーが大きいことから、カモやキジのような大型鳥用の狩猟に用いられ、7.62 mmは「罠にかかったイノシシやシカの止め刺し」といった特殊な用途で使われることがあります。5.0 mmは、比較的古い国産のエアライフルに採用されていたサイズです。

② 弾丸の最大到達距離

弾丸の種類		最大到達距離（m）
散弾	ライフルドスラグ（12 番）	約 700
	OOB（直径 8.6 mm）	約 515
	B B（直径 4.5 mm）	約 340
	１号（直径 4.0 mm）	約 315
	２号（直径 3.75 mm）	約 300
	３号（直径 3.5 mm）	約 290
	４号（直径 3.25 mm）	約 275
	５号（直径 3.0 mm）	約 265
	６号（直径 2.75 mm）	約 250
	７号（直径 2.5 mm）	約 240
	７半号（直径 2.41 mm）	約 235
	８号（直径 2.25 mm）	約 225
	９号（直径 2.0 mm）	約 210
	10 号（直径 1.75 mm）	約 195
ライフル弾	22 ロングライフル（直径 5.6 mm）	約 1,600
	30 口径ライフル（直径 7.62 mm）	約 3,200 ～ 4,000
空気銃弾	4.5 ～ 5.5 mm	約 310

弾丸の最大到達距離は、前ページ表の数値が〝目安〟とされています。ただし散弾の場合は追い風・向かい風によって飛距離は大きく変わり、ライフル弾の場合は弾頭の重量と火薬の量、薬莢の種類などによっても変わります。さらに空気銃の場合、近年のハイパワーエアライフルは 500 m以上飛ぶこともあるので、注意が必要です。

●散弾銃の「番径」や「チョーク」は飛距離に関係しない

散弾銃の実包には口径に合う「12 番」や「20 番」があると述べましたが、この**番径と飛距離には関係がありません**。番径は口径の大きさなので、例えば「12 番9号の弾」と「20 番9号の弾」は、弾一粒の大きさはどちらも同じなので、最大到達距離は同じになります。

また、散弾の散開を調整する**チョークも最大到達距離には関係しません**。「フル」と「スキート」で同じ弾を撃った場合、フルのほうが同じ距離における〝弾痕の広がり〟は密になりますが、それらの弾が到達する距離はどちらも変わりません。

●単発弾はバックストップへ。散弾でも水平発射厳禁

ライフル弾やスラッグ弾は、最大到達距離においても、非常に高い運動エネルギーが残っています。そのため、狙いが反れた弾が遠く離れた民家や道路に命中し、人を死傷させる危険性があります。

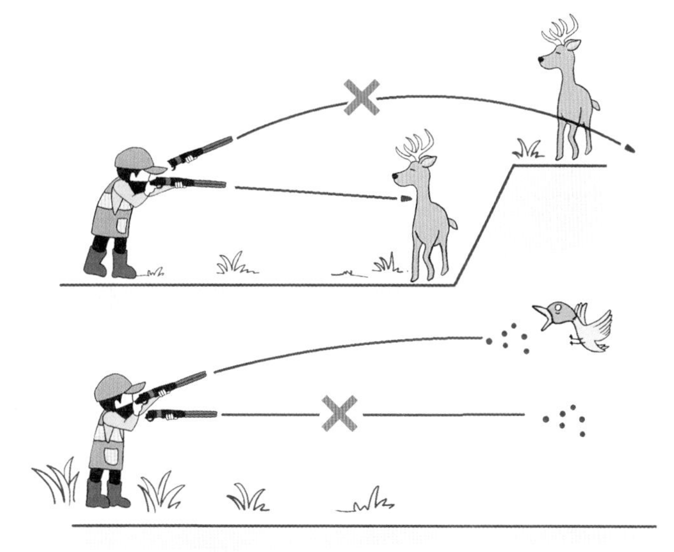

このように発射した弾が『**流れ弾**』になるのを防ぐためには、獲物の背面に柔らかい土など（**バックストップ**）があることを確認して発射しましょう。狩猟ではしばしば、尾根の獲物に対して坂の下から〝撃ち上げる〟ように発砲をする人がいますが、狙いが反れた弾は死角となる尾根の先を超えて危険な流れ弾になるので、このような発砲は厳に慎みましょう。

発射した弾は、真空中であれば 45 度の角度で発射したときが最も飛距離が伸びますが、大気中では様々な要因が重なるため**〝約 30 度〟の角度で最大射程**となります。

散弾の場合は単発弾に比べて飛距離は短いですが、それでも命中すれば大ケガを負うほどのパワーを持っています。よって散弾を水平に発射することはせずに、必ず上空に向かって発射するようにしましょう。

【第2編. 第2章. §3の理解度チェック】

次の記述はすべて**間違っています**。どこが間違っているのかを答えなさい。

【例題1】
銃の弾は、大きければ大きいほど最大到達距離は伸びる。これに例外は無い。

【例題2】
散弾銃の口径は「番径」で表記され、12番口径であれば12番の実包を使用できる。ライフル銃の口径も、例えば口径「0.3インチ(30口径)」であれば直径0.3インチの弾頭を持つ実包はすべて使用できる。

【例題3】
散弾銃の口径は「10番」が、標的射撃用・狩猟用のどちらにおいても、よく利用されている。

【例題4】
空気銃の口径は、4.5ミリメートルと5.5ミリメートルのものがあり、それぞれ「4.5ミリメートル実包」、「5.5ミリメートル実包」を銃に装填して使用する。

【例題5】
散弾銃の散弾の最大到達距離は、総じて約50メートルとされている。

【例題6】
散弾銃の散弾は、チョークが狭いほど遠くに飛ぶ。

【例題7】
散弾実包は、口径が大きいほど発射される散弾も大きくなるので、「12番散弾実包」は「20番散弾実包」よりも遠距離に飛ぶ。

【例題8】
最大到達距離に達した銃の弾は安全である。

【解説１】

銃の弾は、散弾か単発弾（ライフル弾やスラッグ）かによって最大到達距離は変わります。また、発射時の風の向きなどでも変化するため、一概に「弾が大きければ遠くに飛ぶ」というわけではありません。

【解説２】

例えば「.30-06 スプリングフィールド」という薬莢と「.308 ウィンチェスター」という薬莢は、使用する弾頭の直径は 0.3 インチで同じですが、銃の設計によって使用できる薬莢の種類が変わります。

【解説３】

散弾銃は「12 番」の口径が、標的射撃・狩猟用の両方でよく使わています。続いて「20番」の口径もよく使われています。

【解説４】

空気銃には薬莢はなく、金属製弾丸（ペレット）を使います。

【解説５】

00B（ダブルオーバックショット）と呼ばれる散弾の最大到達距離は約 515 ｍとされています。最も弾が小さい 10 号弾であっても、約 195 ｍ飛び、さらに追い風などの影響を受けると、さらに飛距離が伸びます。

【解説６】

チョークの狭さと、散弾の飛距離には関係性がありません。チョークは狭いほど、遠距離での弾の散開が狭くなります。

【解説７】

散弾実包の番径 (適合する口径) は、その中に充填されている弾の大きさと関係ありません。「12 番９号弾」と「20 番９号弾」は、同じ９号弾（直径 2.0 ㎜）が使われています。

【解説８】

銃の弾は最大到達距離に到達しても、人を殺傷する十分なパワーを持っている場合があり危険です。

第3章.
猟銃・空気銃の使用、保管等についての準則

§1. 猟銃・空気銃の基本的取扱い

ここでは猟銃・空気銃を取り扱う上での基本を解説します。考査における配点が多いので、すべて暗記してしまいましょう！

① 銃口の向き

銃口は弾が装填されていなくても、人に向けてはいけません。それが例え銃身だけになっていても、〝**銃口は人に恐怖感を与える**〟と心得ましょう。また、無意識であっても、次のような状況で人に銃口が向く可能性があるので注意してください。

1．元折式銃の散弾銃を折って肩にかけて保持するのは基本的にNG。どうしてもそのような持ち方をする場合（例えば両手がふさがっているなど）では、銃口の向きに注意する。
2．機関部を開放しているからと言って、自動銃などは水平持ちにしない。元折式銃を横に持って機関部を開放すると、不用意に人のいる方向に銃口が向く可能性があるので注意。

② 引き金を引く指の位置

初心者の内は、銃を持つと指が無意識的に引き金に触れてしまいます。このような「無意識的に引き金に指をかける」という行為から暴発事故が起こる危険性があるので、射撃をする寸前まで『**用心がねに触れない**』（**引き金には当然触れない**）ことをクセにしてください。

なお、用心がねに指を入れて良いのは、銃を点検するときなどの特別な場合を除いて、以下のときだけです。

1．狩猟、有害鳥獣駆除のときは、獲物が確実に確認できたとき。
2．標的射撃では、射台に入り、射撃方向に向かって射撃準備が完了したとき。

③ 実包の装填の有無の確認および脱包

銃を手に取ったとき、または銃を発射する必要がなくなったとは、何はともあれ機関部を開放して、銃内・弾倉内に**実包が装填されていないことを確認**しましょう。

自動銃やスライドアクション銃などの場合は〝目視〟だけではウッカリ見落とす可能性があるので、薬室内や弾倉に指を入れて確認するぐらいのクセを付けたほうが良いです。

また、脱包の確認をするクセは、次のようなときにも付けるようにしましょう。

1．狩猟で獲物を射獲した、もしくは取り逃したとき。
2．射撃場では射撃を終わり、射台を出る前。
3．狩猟では銃をカバーにしまう前。射撃場では銃架（銃を置くスペース）に立て掛ける前。

●薬室が解放されていることをアピールする

万が一脱包を忘れていたとしても、薬室が解放されていれば暴発などの事故が起こる心配はありません。よって射撃場では、**元折式銃であれば銃を折り、自動銃の場合は遊底を引いた状態で銃を置く**のがマナーになっています。

なお、自動式やスライドアクション式の場合、遠目から薬室が開いていることがわかりにくいタイプの銃では、薬室の開放部にハンカチやリボンを挟んでおき、周囲に「薬室は開いています」とアピールするのも良いマナーです。ライフル銃の場合は銃腔に手袋や銃口カバーをかぶせるのもマナーとされています。

④ 銃を置く場所

銃を手から離すときは、安定した地面の上やテーブルの上などに置かなければなりません。もし弾が装填した状態で銃が倒れると、その衝撃で逆鉤の噛み合いが外れて暴発を起こす危険性があります。よって、特に狩猟中では、銃を木や壁に立てかけて置くようなことはしないようにしましょう。

⑤ 実包の装填

銃に実包を装填するときは、次のような状況になったときのみです。

1．射撃場では、射台に立ち、発射して良い合図があった後。
2．狩猟中では、明らかに〝獲物がいる兆候〟（獲物を探索していた猟犬が『ポイント』と呼ばれる動作をしたり、追跡中の猟犬が吠えながら向かってきた場合など）が認められたとき。

このような状況になったときにも、装填する実包は最小限に抑え、また狩猟であれば目的に適合した実包を装填しましょう。例えば狩猟で「射撃のチャンスがわずかしかない」ような視界の狭い場所では、3発入る自動銃であっても、1発だけ装填するようにします。また、獲物がカモであれば3号や5号、ヒヨドリのような小鳥であれば9号といったように、獲物に合わせた最適な実包を選ぶようにしましょう。

⑥ 実包の装填方法と銃の保持

実包の装填方法は、射撃場と猟場では方法が異なります。

●射撃場は銃口を上に向けて装填する

元折式散弾銃の場合は、銃を折った状態で弾を装填し、**〝先台〟を持って銃口を上げる**ようにして閉鎖します。自動式散弾銃などの場合は、銃口を上に向けた状態で弾を装填し、そのまま**上に向けた状態で開閉スイッチを押して閉鎖**します。

これは、射撃場の地面は固いコンクリートである場合が多いからです。もし銃を閉鎖したショックで暴発をした場合、銃口を下に向けていると弾が跳ね返って周囲に飛び散る危険性があります。射台の正面は危険性がないと考えられるので、銃口を上に向けた状態で装填作業を行います。

なお、ライフル銃やハーフライフル銃の固定標的射撃の場合は、銃口を的に向けた状態で装填します。

●狩猟では銃口を柔らかい地面に向けて装填する

元折式銃の場合は、銃を折った状態で弾を装填し、**銃口を地面に向けたまま元台（銃床）を引き上げる**ようにして薬室を閉鎖します。自動銃の場合も同様に、**銃口を下に向けた状態で装填作業**を行います。

猟場では射撃場のように正面の安全性が担保できないため、万が一暴発しても弾が柔らかい地面に吸収されるように銃口を下に向けて装填をします。もちろん猟場は場所によって地面の状態は常に変わるので、その都度、万が一暴発が起きても危険性が最小限になるように考えて装填作業をしてください。

●銃はしっかりと保持し、落とさないように注意すること

装填した状態の銃は、銃口を上に向けて保持（ライフル銃などの場合はバックストップ等安全な方向に向けて保持）し、両手でしっかりと握って落とさないようにしましょう。銃口の向きには一段と気を配り、猟場では周囲の状況にも気を配るようにしましょう。

⑦ 猟銃・空気銃の発射

引き金を引いて弾を発射しても良い条件は、次の通りです。

1．射撃場では、射撃場の管理者や射撃長、または「プーラー」と呼ばれる人が射撃の開始を合図したとき。
2．狩猟では、獲物を確実に判別できたとき。

なお、2のように「獲物を判別できた状況」においても、例えば「周囲に非狩猟鳥獣がいるとき」や、「発射方向に人家や道路があるとき」、「何か少しでも〝違和感〟を覚えたとき」は、銃を発射してはいけません。

銃猟では引き金を引いたその一瞬で、〝相手と自分の人生〟を大きく狂わせてしまうことになります。長く狩猟を楽しんでいれば、獲物との出会いはまた確実に訪れます。少しでも射撃に不安を感じたら、銃を下ろして獲物の姿を見送るぐらい、心に余裕を持って狩猟を楽しみましょう。

⑧ 発射時の周囲の安全確認

銃を発射するときは、事前に周囲の安全を十分に確認しなければなりません。特に狩猟では、発射する方向、いわゆる「矢先」の確認が何よりも重要です。

実際に銃猟では、「ヤブがガサガサしたので獲物だと思い発砲したら人だった」という、通称「ガサドン」と呼ばれる事故が多発しています。また、「シカの白いお尻だと思い発砲したら、ズボンのポケットから白い手拭いを出した地元のおばあさんだった」というような事故も報告されています。このような事故は総じて、矢先を十分確認せずに〝思い込み〟で引き金を引いたことによって起こっています。

どんなに「気付かなかった」、「予想もつかなかった」、「先輩ハンターが『撃て』と言ったから撃った」と言っても、発射した弾によって起こった事故は、すべて射手である〝あなたの責任〟です。猟場には狩猟者だけでなく、「林業関係者やレジャー目的などで来る人もいる」ということも頭に入れて、発射時の安全確認はしっかりと行いましょう。

●散弾の場合は、矢先の安全を広めに考える

ライフル弾のような単発弾であれば矢先の安全は想像しやすいですが、散弾の場合は遠距離で〝拡散〟するため、発射されて獲物に命中した数発以外の弾は、すべて流れ弾になります。よって散弾を撃つ場合は「矢先の安全」を広い範囲で考えましょう。

⑨ 水平撃ちの抑制

銃を水平に発射すると、ヤブ陰などの見えないところにいる人に直撃する危険性があります。また、山の斜面に沿って撃ち上げたり、撃ち下ろしたりする場合も、弾が尾根を越えて飛んで行ったり、崖下などの死角に飛んで行ったりして、事故が起きる危険性があります。よって、単発弾の場合は必ずバックストップに向かって撃ち、散弾の場合は上空に発射するようにしましょう。

⑩ 跳弾の恐れがある物に向けて発射禁止

高速に飛行する弾は、コンクリートや竹、石垣、ビニールハウスの鉄パイプのような固い物、または水面に命中すると、跳ね返って思わぬところに着弾する危険性があります。このような現象は「**跳弾**」と呼ばれており、事故が起きる原因になるので注意しましょう。

特に、鉛よりも硬い金属製弾、例えばスチール製弾は、跳弾のリスクが鉛よりも高くなることを覚えておいてください。

⑪ 不発の場合の措置

引き金を引いて撃鉄が「カチン」と落ちたのに、なぜか弾が発射されない現象を「**不発**」と言います。この不発であればそれほど危険性は無いのですが、たまに雷管の不良などで、弾が遅れて発射される「**遅発**」という現象を起こす場合があります。よって「あれ？弾が出ないぞ？」と思い銃を下ろした瞬間に「ドンッ‼」…という可能性もあるため、もし不発が起きた場合は**〝10秒間〟は同じ発射姿勢を保ったまま待機**してください。そして、遅発ではなく〝不発〟であったことを確認したら、機関部を開放して不発弾を取り出してください。

なお、不発弾も猟銃用火薬類であることは変わらないのでゴミ箱に捨てたりせずに、火薬店で廃棄を依頼してください。

⑫ 疲労時における狩猟の中止

山の中を移動しながら獲物を追う狩猟スタイルや、猟犬と共に動き回るような狩猟スタイルでは、体が疲労するだけでなく注意力も落ちてしまいます。すると、誤射や脱包忘れなどの原因になるので、すみやかに狩猟を中止して休息をとるか帰宅しましょう。

なお、当たり前の話ですが、酒に酔った状態で狩猟をしたり、銃をメンテナンスするといった行為は絶対に慎みましょう。射撃や出猟する前日の飲酒も…ほどほどに。

⑬ 銃の目的外使用禁止

例えば、銃を杖がわりに使ったり、木の枝に引っかかった帽子を銃で取ろうとするなど、銃を射撃の用途以外で使ってはいけません。

もちろん、銃に弾が装填されていなければ暴発による事故は起きませんが、銃腔内に泥や雪などの異物が入ると、発射時に銃身が破裂してしまいます。また、機関部に異物が混入すると閉鎖不良の原因にもなります。

⑭ その他の心構え

銃に関して何かわからないことがあれば、積極的に銃砲店や射撃指導員等に尋ねて、正しい知識やルール、マナーを身に付けましょう。

また、ルールやマナー違反を見つけたら、例えそれが「すごいベテランさん」であったとしても注意をするようにしましょう。狩猟仲間と出猟する場合も、お互いに注意を呼び掛けあい、万が一にも銃による事故が起こらないように心がけてください。

【第２編．第３章．§１の理解度チェック】

次の記述はすべて**間違っています**。どこが間違っているのかを答えなさい。

【例題１】

分解して銃身だけになれば、弾が発射されることは絶対に無い。そのため、銃口を人に向けたとしても問題はない。

【例題２】

安全装置をかけていれば、引き金や用心金に指が触れても問題はない。

【例題３】

猟銃や空気銃を手から離すときは、地面に置くと汚れてしまうため、壁や木などに立てかけておいたほうがよい。

【例題４】

射撃場で実包を装填する場合、元折式散弾銃は銃口が水平方向より下方を向くように銃身を折り、銃床を持ち上げて薬室を閉鎖すること。

【例題5】
狩猟中に、ヤブの中からガサガサと音が聞こえたときは、獲物がまだこちらに気付いていない絶好の機会なので、すぐに射撃したほうが良い。

【例題6】
猟銃は、手負いの獲物が向かってきた場合を考えて、銃身下部にナイフを取り付けておき、いざというときには槍として使えるようにするのが効果的である。

【解説1】
たとえ分解した銃身だとしても、銃口は人に恐怖感を与えます。どのような状態でも銃口を人に向けないというのは、銃所持者のマナーです。

【解説2】
たとえ安全装置をかけていたとしても、射撃時以外は引き金や用心金に指が触れないようにしましょう。

【解説3】
猟銃や空気銃を手から離すときは、安定した場所に置かなければなりません。壁や木に立てかけるのは倒れる可能性があるので危険です。

【解説4】
射撃場では射台よりも前方に人などがいないことが確実なので、銃口を上向きにして先台を持ち上げて薬室を閉鎖します。一方、猟場では地面が柔らかいため、銃口を下げて銃床を持ち上げて閉鎖します。

【解説5】
狩猟などで獲物の姿が完全に見えていない場合は、銃を発射してはいけません。例えば、ヤブの中でガサガサと音を立てているのは、別のハンターやハイカーかもしれません。

【解説6】
猟銃や空気銃を射撃目的以外の道具として使用することは、暴発事故や銃の故障の原因になるため、絶対にしてはいけません。

§2. 使用前の注意事項

ここでは、猟銃・空気銃の選び方や、使用前の点検方法などを解説します。狩猟免許試験では、模擬銃を使って点検動作等を行う試験があります。あらかじめ知識を身につけておきましょう！

① 銃の選定

『第２編．第２章．§1．銃の種類』でも解説したように、猟銃･空気銃には構造によって取り扱い方に違いがあり、弾や照準器の選定、引き金の重さや遊び、元台の長さ、また〝予算〟など、銃選びには様々な要素があります。初心者がこれらの要素をすべて加味して最適な銃を見つけ出すというのはかなり難しいことなので、まずは信頼のある銃砲店や、射撃指導員などに意見を求めて参考にしましょう。また、『第１編．第2章．§2-4．猟銃・空気銃所持許可申請の流れ』でも触れたように、『射撃練習』の制度を使い、色々な銃を試射してみるというのも一つの手だと言えます。

銃の選び方は人それぞれですが、以下に選び方のコツを載せておくので参考にしてください。

1．	左利きの人は「レフトハンドモデル」または「ユニバーサルデザイン」、〝ambidexter〟、〝For both left and right〟の銃を選ぶ。
2．	〝利き目〟（マスターアイ）を調べて、自身が構えやすいデザインの銃を選ぶ。
3．	クレー射撃のみの目的で散弾銃を選ぶなら、上下２連式がベスト。
4．	狩猟用途であれば、「どのような獲物を捕獲したいか」、「どのような猟場に行く予定か」をまず決めて、銃の種類を決める。特に何もコダワリがないのであれば、自動銃が扱いやすい。
5．	狩猟において重すぎる銃は疲労の原因になるが、軽すぎる銃は射撃時の反動が大きくなるため、自身の体格や体力を勘案して決める。
6．	射撃に慣れるまで引き金の重さや遊びは、銃砲店やメーカーが設定した状態で使用してみる。

7．中古で銃を購入した場合、一度射撃指導員に試射をしてもらい、変なクセや問題点が無いかチェックしてもらうのも良い。
8．銃に少しでも違和感を覚えたら、まずは銃砲店で〝検査〟を依頼する。部品交換などが必要と判断された場合は、すぐに修理を依頼する。
9．「好きな銃」、「ビビッ！と来た銃」があれば、それを選ぶ。自分の気に入った銃を持つことで、射撃の楽しさが増えて銃への愛着が強くなる。

② 銃の機能・安全点検

銃は、不具合がある状態で発砲すると、銃身の破損や部品の折れ曲がり、木製部品の割れやヒビといった故障につながります。また、猟銃では薬室付近で破壊が発生すると高熱のガスが顔や手に吹きかかったり、空気銃では超高圧の空気が漏れ出して大ケガを負う危険性があります。このような銃の故障、自損・他損の事故が起こらないように、銃は使用前にしっかりと機能・安全点検を行うようにしましょう。

●銃身部の点検

銃を手に取ったら、まずは機関部を開放して実包が装填されていないことを確認します。次に、元折式銃の場合は薬室側から銃身内をのぞき込み、**異物が無いかチェック**しましょう。

しばしば「銃身内にゴミがあっても、発射した反動で吹き飛んでしまう」と思われていますが、銃身に木の葉や雪、泥などの異物が入っていると、その異物に衝撃波が当たって跳ね返り、銃身に〝膨らみ〟ができてしまいます。さらに酷い場合は銃身が破裂することもあり、特に薬室付近で破裂が発生すると、先台を握った指に大やけどを負う危険性があります。

よって銃身部のチェックでは、銃身内を覗いて「**銃口の影が同心円に見えること**」を確かめて、異物や変形が無いことを確認しましょう。なお、自動銃などの場合は薬室から銃身内部を覗くことができないため、銃身を取り外して確認をしましょう。

●機関部・安全装置の点検

銃身に異常がないことを確認したら、薬室に〝**空撃ちケース**〟を入れて機関部を閉じます。このとき〝閉鎖不良〟を起こしていないかを、元折式銃の場合は開閉レバーで、自動銃などの場合は遊底がしっかりと閉まっているかで確認しましょう。

次に、**安全子**（安全装置のスイッチ）をＯＮ・ＯＦＦを繰り返してスムーズに動くかを確認します。さらにＯＮにした状態で「引き金が引けなくなっている」ことも確認してください。

●引き金の点検

薬室に空撃ちケースを入れた状態で銃を構え、ゆっくりと引き金を引いて撃鉄を落とします。このとき、引き金に「遊び」は十分あるか、引き金の「重さ」は重すぎたり軽すぎたりしないか、引き金の「引きはじめから引き終わりの長さ」（オーバートラベル）は適切か、などを意識して操作しましょう。

ちなみに「空撃ちケース」（スナップキャップ）には、中にバネが入っており、撃針が撃鉄に叩かれた衝撃を吸収する効果を持っています。空撃ちケースを使わずに空撃ちをすると撃針が傷んだり、最悪の場合は折れたりするので、必ず空撃ちケースを使いましょう。

●先台の確認

元折式銃の場合は、先台の取り付けも併せて確認をしてください。取り付けにゆるみがあったり、大きなガタがあったりすると、発射時のショックで先台が外れて事故につながります。先台を装着した後は、掌で先台の下部を軽く叩いて確実に装着されていることを確認しましょう。

なお、元折式銃は、先台だけを持って薬室を開放すると、元台が落ちたときの衝撃がヒンジ部分にダイレクトに伝わってしまい、銃の痛みを加速させる原因になります。銃を折るときは先台と元台をしっかりと握って、丁寧に操作をしましょう。

●接合部分の確認

一通りのチェックが完了したら、銃を垂直にして銃床下部を支えた状態で、軽くゆすったり、捩じったりしてみましょう。接合部分にゆるみがあると「カチャカチャ」と変な音がしたり、少しずつ部品がズレていくなどの異変が見られるはずです。こういった場合は、一度すべて分解してから再度組み立てなおし、それでも異変がある場合は銃砲店に点検を依頼してください。

なお、これら以外にも何か異変を感じたら、すぐに銃砲店で点検を受けましょう。修理が必要な場合は、交換部品の入手に時間がかかったりするので、狩猟用途であれば猟期３か月前ぐらいには一度点検しておくことをオススメします。

③ 射撃練習による銃の取扱いの習熟

銃刀法では「銃の所持許可を受けた者は、銃による危害発生を防止するため、**銃の操作や射撃に関する技術の維持向上に〝努めなければならない〟**」とされています。つまり、銃を持っている人は「その日だけ」銃を扱うのではなく、普段から射撃練習をしましょう。

特に狩猟用途で銃を所持した場合、猟期終了から翌年度の猟期開始まで９カ月のブランクができます。よって久しぶりに銃を扱うと、脱包や安全チェックを忘れてしまったり、操作を間違えて危険な行為に及んでしまったり、射撃をミスして危険な流れ弾を作ってしまったりする可能性が高まります。よって銃を所持する人は「銃は公安委員会から特別な許可を受けて所持ができているのだ」という意識を常に持ち、積極的に射撃の練習を行いましょう。

【第2編. 第3章. §2の理解度チェック】

次の記述はすべて**間違っています**。どこが間違っているのかを答えなさい。

【例題1】
銃身は非常に頑丈にできているので、少々ゴミが詰まっていたとしても、発射時の衝撃で吹き飛ばしてしまうので問題ない。

【例題2】
引き金の点検をするときは、空薬莢を装填した状態で引き金を引く。

【例題3】
猟銃・空気銃は危険な道具なので、猟期が終わったら次の猟期まで扱わないほうが良い。

【解説1】
雪や泥などのわずかな異物だとしても、発射時の衝撃で銃身は膨らんだり、最悪の場合は破裂することもあります。

【解説2】
引き金の点検をする際は、空薬莢ではなく専用の〝空撃ちケース〟を使用してください。

【解説3】
狩猟用途で銃の所持許可を受けた場合は、猟期以外にも射撃練習をして射撃技能の向上に努めてください。とはいえ「努力」という言葉にプレッシャーを感じる必要は無く、「猟期も終わったし、猟仲間を誘ってクレー射撃に行こう！」ぐらいの〝楽しむ気持ち〟で練習に取り組みましょう。

§3. 猟銃・空気銃の保管の一般準則

ここでは、銃を保管する方法について注意点を解説します。自宅で保管する場合、宿泊先などの出先で保管する場合、委託保管の場合に分けて見て行きましょう。

① 自宅での保管

銃の「所持」には、携帯や運搬中だけでなく『保管中』も含まれます。よって自宅に銃を保管するときも、必ず所持許可を受けた者自身が管理しなければなりません。盗難や紛失はもちろんのこと、「同居人や子供が勝手に持ち出した」などといったことが起こらないように、十分注意してください。

●保管設備の基準

『第１編．第２章．§6．猟銃・空気銃の所持についての遵守事項』でも解説したとおり、自宅で銃を保管する〝ガンロッカー〟は、次に示す「内閣府令で定められた基準に適合する設備」でなければなりません。なお、「ガンロッカー」という名称で販売されていても、実際はモデルガン用のキャビネットだったりすることもあるので注意してください。

１．すべての部分が〝**１㎜以上の厚さの鋼板**〟で作られていること。
２．施錠した際、かんぬき機構等によって、**扉の上下を本体に固定する構造**になっていること。
３．外部から見える蝶番が切断、または取り外されても、**扉が外れない構造**になっていること。
４．設備の内部に**鎖などで銃を固定する装置**を有していること。
５．扉を閉鎖する錠は、鎌錠等外部からの力によって容易に開錠できないものであること。
６．扉を閉鎖する鍵は、〝**掛け忘れ防止機能**〟付きであること。
７．扉を閉鎖する錠は、鍵違い〝**120 種類以上**〟であること。

●基準に沿っていればロッカーでなくても良い

例えば銃砲店の場合、所持している銃は数百丁にも及びます。この数の銃をロッカーで保管しておくのはさすがに難しいので、銃砲店は先表**1～7と同等な基準**をもつ〝部屋〟を作ることで保管をしています。例えば、「部屋の壁を厚さ１㎜の鋼板で囲む」や、「部屋の扉を電子錠にして、セキュリティー会社と契約する」などです。小さな銃砲店を営む人の中には、マンションの一室やビルの地下室を銃砲店にする人もいたりします。

●ガンロッカーの設置位置にも注意する

ガンロッカーは盗難防止のために、押し入れやカーテンの裏などの人目に付きにくい場所に設置します。玄関や居間に設置することは基本的にはできません。さらに、ガンロッカーごと盗み出されないように、柱や壁に固定しておきましょう。

●長期で不在するときなどは、銃を委託保管する

「長期間自宅を留守にする」、「家屋を改築する」、「冠婚葬祭で自宅に不特定多数の人が出入りするようになる」、また「何かしらの理由（例えば病気など）で銃の管理が難しくなる」といった場合は、**猟銃等保管業者**に銃を委託保管しましょう。

なお、「家が小さくてガンロッカーを保管するスペースがない」、「借家で柱や壁に穴をあけるのは難しい」といった理由がある場合は、担当官と話し合って決めてください。その際に「銃は委託保管してください」と言われたら、それに従うようにしましょう。

●保管中は必ず脱包をする

再三再四述べていることですが、銃を保管する場合も弾を装填したままにしてはいけません。実包を装填したまま保管をしていて、取り出す際にウッカリ暴発させて死亡した事故も実際に起こっています。

●分解保管をする

万が一にも実包を装填したまま保管をしないために、銃はなるべく**分解した状態で保管**しましょう。

また盗難にあった際に、すぐさま犯罪に使われないように、「元折銃の先台」や「自動銃のキャップ」、「ボルト式銃のボルト」などの重要部品は、銃とは別に鍵のかかる棚や引き出しなどに保管しておきましょう。

このとき、引き金（機関部）はガンロッカー内の鎖に通し、南京錠などでロックしておきます。南京錠の鍵はガンロッカーの鍵とセットにせずに、別の場所に保管しておきましょう。

② 宿泊先等での保管

射撃大会や狩猟で他県に遠征するような場合は、銃を持ったまま宿泊する必要があります。しかし一般的に、ホテルや旅館などにはガンロッカーは設置されていないため、『**自宅保管をする場合に準じて保管する**』ことが必要になります。

具体的に、銃はガンケースに入れて施錠し、自室の押し入れなどの目立たない場所にシーツを被せて保管しましょう。このとき先台などの重要な部品は取り外し、施錠できる設備（貴重品金庫）に入れておきましょう。実包等の火薬類についても同様に、施錠できる装弾ケースなどに入れて見えない位置に隠しておきましょう。

●車のトランクに入れっぱなしはＮＧ

「銃をホテルや旅館に持ち込むより、車のトランクのほうが安全なのでは？」と思う人も多いと思います。しかし、万が一車が盗難されると、銃も一緒に盗まれることになるので、トランクは安全な保管設備とは言えません。猟期中であっても、銃を車の中に積みっぱなしにするのは違反なので注意しましょう。

●射撃場における保管

射撃場で、銃を銃架に置いたまま射台を離れる人がいますが、このような行為はＮＧです。昼食をとるなどの理由で射台のそばから離れる場合は、保管設備がある射撃場では保管庫に入れておきましょう。このとき、重要部品は外して手荷物にしておきます。

保管設備のない射撃場では、銃をケースに入れた状態で持ち運びましょう。このときも車のトランクに入れたりせずに、常に自分の手の届く範囲で管理しましょう。

③ 保管の委託

これまでの解説の中でたびたび出てきましたが、銃の保管は「猟銃等保管業者」に委託することができます。自身で管理しにくくなった場合以外にも、「仕事帰りに射撃がしたいけど、銃を家に取りに帰るのが面倒くさい」といった理由でもよいので、積極的に活用しましょう。

なお、この猟銃等保管業者とは、猟銃等販売事業者（銃砲店）や、指定射撃場、教習射撃場、練習射撃場を設置する者で、公安委員会に届け出て「**猟銃・空気銃の保管を委託されて保管する者**」を指します。つまり、「貸倉庫」や「トランクルーム」といった、一般物を預かってもらう業者ではないことに注意してください。

【第２編．第３章．§3の理解度チェック】

次の記述はすべて**間違っています**。どこが間違っているのかを答えなさい。

【例題１】
ガンロッカーは非常に堅固に作られているため、例え内部で銃が暴発しても安全な構造になっている。

【例題２】
銃の部品はすべて同じ場所に保管しておかなければならず、先台やボルトなどを外して別の場所に保管するのは違反になる。

【例題３】
狩猟や射撃大会出場で遠出をする場合、ガンロッカーなどの設備がない場所には宿泊できない。

【例題４】
自動車のトランクは確実に鍵が掛けられるため、ガンロッカーとして使用する人も多い。

【解説１】
たとえ堅固なガンロッカーなどの設備だとしても、暴発時の危険性を抑えることはできません。保管する際には必ず脱包を確認しましょう。

【解説２】
盗まれた銃が犯罪等に悪用されないように、銃はなるべく分解してガンロッカーに保管し、先台やボルトといったパーツは、銃とは別の鍵のかかる机などに分けて保管しましょう。

【解説３】
ガンロッカーなどの設備が無くても、自宅で保管する基準に沿った保管・管理ができていれば宿泊できます。

【解説４】
自動車のトランクは銃の保管設備としての基準を満たしていません。

第4章.
実包の運搬及び保管についての一般準則

§1. 実包の運搬

猟銃を使用する際は、火薬類を消費することになります。これまでに解説してきたことの「おさらい」になるので、サクサクっと読み進めてください！

① 運搬の数量限度

『第1編. 第3章. 猟銃用火薬類等に関する法令』で既に解説した通り、公共交通機関で猟銃用火薬類を運搬するのには上限があります。これをオーバーして持ち込むことは当然できませんし、数量オーバーだからといって「同行者に持ってもらう」ということは許されていません。

② 完全な包装をする

運搬する実包は完全に包装して、転がり落ちたり外から見えたりしないように注意しましょう。適当な空き箱にバラ積みにすると運搬中に傷がつくため、必ずピッタリの容器を使いましょう。また、実包はかなり重たいので、ジュラルミン製のケースや、鋼製のアンモボックスなどの専用の容器を使いましょう。

③ 違法な運搬手段を取らない

遠隔地に狩猟に行くときに、実包を郵送したり、他の物と偽って運送業者に運ばせるのは違反です。また、自家用車で運ぶ場合でも車内に実包を置き忘れることがないように注意してください。

④ 銃と一緒のケースに入れない

万が一、銃が盗難されてもすぐに犯罪に利用されないように、銃と実包は分けて運搬します。ソフトガンケースの中にはポケットが付いている物がありますが、こういったところに弾を入れてはいけません。

【第2編. 第4章. §1の理解度チェック】

次の記述はすべて**間違っています**。どこが間違っているのかを答えなさい。

【例題1】
公共交通機関には、それぞれが猟銃用火薬類を運搬できる上限が決められているが、「実包を同行者に分担して持たせる」ことでこの上限を回避できる。

【例題2】
郵便で猟銃用火薬類を運搬することは法律で禁止されているが、荷物に「スポーツ用品」と書けば問題ない。

【例題3】
自動車で狩猟等に行く場合、車内には危険性が無いので、実包等を置きっぱなしにしても問題はない。

【例題4】
猟銃と実包を同じケースに入れて運搬することは、すぐに銃を使うことができるので便利である。

【解説1】
許可を受けた者以外が猟銃用火薬類を所持することは違反になります。

【解説2】
荷物を偽って火薬類を運搬させると、郵便法違反などに問われます。

【解説3】
銃と同じように、猟銃用火薬類を車内に置きっぱなしにしてはいけません。

【解説4】
猟銃と実包は同じケースやカバーに入れて運搬してはいけません。万が一、盗難にあった場合でも、銃と弾が一緒に盗まれるのは避けなければなりません。

§2. 火薬類の保管

実包類の運搬に併せて、火薬類の保管についても
勉強しましょう。本書ラストスパート！

① 銃と弾は別の場所に保管する

猟銃と実包・空包、空気銃と金属製弾丸は、銃と一緒に保管してはいけません。実包、空包、金属製弾丸は、別の装弾ロッカーに入れて、必ず鍵をかけて保管してください。また、それぞれ別々の建物に保管するように努めてください。

② ハッキリと種類を表示する

散弾銃とライフル銃用の火薬・雷管は種類が異なります。よってこれら火薬が混在しないように、容器にはしっかりと表示をしておきましょう。

12 番・20 番の散弾銃をそれぞれ所持している人は、番径も明示しましょう。一般的に **20 番の散弾実包は「黄色」の薬莢**が使用されています。ハンドロードを行った場合は使用火薬量等を表示して、誤りがないようにしましょう。

③ 変質しない保管場所を選ぶこと

ハンドロード用の火薬や銃用雷管は、高温多湿の環境に長くさらされると劣化します。このような火薬類は、不発や暴発の問題を起こす可能性が高くなるので、しっかりと管理しましょう。当然ですが、火器の近くに装弾ロッカーを設置してはいけません。

④ 手詰めの際の注意

ハンドロードを行う場合は、必ずメーカーが指定した手順や火薬の用量を守りましょう。火薬の入れすぎ（オーバーロード）は当然危険ですが、火薬が少なすぎ、または入っていないと、弾が銃身内で詰まる『停弾』というトラブルが発生します。停弾を知らずに次弾を発射すると、銃身が破裂するので注意が必要です。

【第２編. 第４章. §2の理解度チェック】

次の記述はすべて**間違っています**。どこが間違っているのかを答えなさい。

【例題１】
猟銃を入れたガンロッカーに実包や空包を一緒に入れるのは違反だが、空気銃の場合は金属製弾丸を一緒に入れていても問題ない。

【例題２】
散弾銃用とライフル銃用の手詰め用火薬、銃用雷管は、同じ物が使用される。

【例題３】
猟銃用火薬類は化学的に安定した物質なので、劣化や変質を起こすようなことはない。

【例題４】
実包に使用される火薬は、多すぎると危険だが、少ないぶんには事故の心配はない。

【解説１】
空気銃の場合も、金属製弾丸（ペレット）を銃と一緒に保管してはいけません。これは、万が一盗難にあった場合、その場で犯罪に利用されることを防ぐためです。

【解説２】
散弾銃用とライフル銃用は、火薬の種類が異なります。具体的に、散弾銃用は火薬の燃焼が速く、ライフル銃用の火薬は燃焼が遅くなっています。なぜなら、ライフル銃は弾丸をライフリングに食い込ませながら銃身内を進むため、燃焼が速いと銃身内が異常な高圧になってしまうためです。

【解説３】
火薬類は湿気などで劣化・変質します。劣化した火薬では、もともと持っている性能（燃焼スピードなど）が出ない可能性があります。

【解説４】
火薬量が規定値より少ないと、ライフル弾・スラッグ弾・サボット弾（共に単発弾）は銃身内で停止する『停弾』というトラブルが起こります。なお、散弾に関しては停弾を起こすリスクはありません。

第３編.

猟銃等講習会（初心者講習）予想模擬試験

第３編では、猟銃等講習会（初心者講習）の考査を想定した模擬問題を出題します。間違った箇所は前ページに戻って復習をしてください。

【第３編の構成】

出題予想とモニターアンケート

猟銃等講習会（初心者講習）の考査に向けた予備知識と、モニターアンケートの結果をまとめています。しっかりと予習して、一発合格をねらいましょう！

① 出題範囲と配点

猟銃等講習会（初心者講習）の考査は、各都道府県の警察本部で作成されるため、実を言うと〝日本全国で共通した試験〟というわけではありません。しかし、令和3年に各都道府県警察本部に出された「**猟銃等講習会における考査の運用要領について**」という通達により、考査の基準は下記のように定められています。

考査時間	60分
出題数および形式	50問正誤式（○×式）
考査の出題基準と配点方法	1問1点、出題基準は右表の通り
合格基準	おおむね45点以上を合格とする
問題文の作成について	1．考査問題は猟銃・空気銃の所持者として必要となる基本的な知識を問うものとし、〝**基準問題**〟と同等の内容となるようにすること
	2．いたずらに細かな知識を問う問題は出題しないこと
	3．表現や用語はできる限り平易なものとするとともに、問題文が長くなり過ぎないようにすること

出題基準は、猟銃等講習会（初心者講習）のテキストである『猟銃等取扱読本』の構成になっています。本書も『猟銃等取扱読本』に準拠した構成になっています。

ちなみに、今回の書籍を製作するにあたり実際に本書の模擬試験を解いてもらった10人のアンケート結果を見ると、全員が「**問題はすべて『猟銃等取扱読本』の内容が出題されていた**」と回答していました。よって、『猟銃等取扱読本』に載っていない問題、例えば「クロスボウの話」や「細かい銃や狩猟に関する知識」などは〝出題範囲外〟と考えてよいでしょう。

<table>
<tr><th colspan="3">出題項目</th><th colspan="2">配点</th></tr>
<tr><td rowspan="10">第1編</td><td colspan="2">第１章．猟銃・空気銃所持者の社会的責任</td><td>1</td><td rowspan="10">25</td></tr>
<tr><td rowspan="6">第２章．猟銃・空気銃の所持に関する法令</td><td>§1．猟銃・空気銃の所持の禁止と除外事由</td><td>1</td></tr>
<tr><td>§2．所持許可制度</td><td>5</td></tr>
<tr><td>§3．所持許可の更新とその手続き</td><td>2</td></tr>
<tr><td>§4．所持許可の執行とその後の手続き</td><td>2</td></tr>
<tr><td>§5．指示及び所持許可の取消し</td><td>1</td></tr>
<tr><td>§6．猟銃・空気銃の所持についての遵守事項</td><td>10</td></tr>
<tr><td colspan="2">第３章．猟銃用火薬類等に関する法令</td><td rowspan="2">3</td></tr>
<tr><td colspan="2">第４章．狩猟に関する法令</td></tr>
<tr><td colspan="2" style="display:none"></td></tr>
<tr><td rowspan="9">第2編</td><td colspan="2">第１章．社会的責任を果たすために</td><td>2</td><td rowspan="9">25</td></tr>
<tr><td rowspan="3">第２章．銃の種類等</td><td>§1．銃の種類</td><td>1</td></tr>
<tr><td>§2．撃発機構及び安全装置</td><td>3</td></tr>
<tr><td>§3．銃の威力と危険範囲</td><td>3</td></tr>
<tr><td rowspan="3">第３章．猟銃・空気銃の使用、保管等についての準則</td><td>§1．猟銃・空気銃の基本的取扱い</td><td>10</td></tr>
<tr><td>§2．使用前の注意事項</td><td>2</td></tr>
<tr><td>§3．猟銃・空気銃の保管の一般準則</td><td>2</td></tr>
<tr><td rowspan="2">第４章．実包の運搬及び保管についての一般準則</td><td>§1．実包の運搬</td><td rowspan="2">2</td></tr>
<tr><td>§2．火薬類の保管</td></tr>
</table>

② 模擬試験の難易度に関するアンケート調査

先に述べたように、考査の問題は一応の基準はあるのですが、未だに各都道府県で難易度にバラつきがあるようです。実際に、「模擬問題の難易度は、実際の考査の問題に比べてどうだったか？」というアンケートに対して、

『簡単だった』と答えたのが３名（長野、京都１、鳥取）

『同じぐらいの難易度だった』が３名（兵庫、東京、群馬）

『難しく感じた』が４名（大阪、千葉、北海道、京都２）

と、回答が大きく割れる結果になりました。

不思議なことに、同じ「京都府」でも、本書の模擬試験が「簡単に感じた」と「難しく感じた」に意見が分かれていました。おそらくこれは、１つの都道府県の中にもいくつか問題にレパートリーがあり、使用される問題によって難易度が変わるのではないかと考えられます。

なお、「『問題文の長さ』は考査の問題に比べてどう感じたか？」という質問に対しては、全員から「**考査の問題と同じぐらいの長さだった**」と回答を得ました。よって、あまり長ったらしい複雑な問題は〝出題されない〟と考えて良さそうです。

③ 基準問題と考査問題の相関性

本書の模擬問題は、警察庁通達の「基準問題」をベースに問題文を作成しています。そこで「模擬問題は実際の考査問題に比べて〝似た問題〟はあったか？」というアンケートを行ったところ、

『**同じ問題を多く見た**』が１名（長野）

『**いくつか同じ問題だった**』が６名（大阪、京都１、兵庫、東京、千葉、群馬、鳥取）

『**ほとんど初見だった**』が２名（北海道、京都２）

という結果を得ました。

つまり考査の問題は「基準問題」をベースに（または問題文をコピー）して作られていることが多いようですが、都道府県によっては〝**完全独自に問題を製作していることもある**〟と考えられます。

ただし、『ほとんど初見だった』と回答した北海道、京都２の方は、「模擬問題は『難しかった』」とも回答しているので、オリジナルで製作された考査の問題は〝やさしめ〟に調整されていることが多いと思われます。

④「数値の記憶問題」はどのくらい出るのか？

考査の問題としてよく出題されるのが「〝数値の記憶〟を問う問題」です。例えば「自宅で保管できる実包や空包の合計は〝800 個〟以内である（答えは○）」、「ライフルドスラッグは〝300 m〟が最大到達距離と言われている（答えは×、500 m）」といった問題です。このような問題は「出題基準２」の「いたずらに細かな知識を問う問題」に当たるようにも思えますが、アンケート結果によると『数値の記憶問題』については、

『**まったくでなかった**』が２名（大阪、北海道）

『**１～３問程度出題された**』が８名（他、都道府県）

『**４問以上出題されていた**』が０名

という結果でした。つまり、不正解数が「５問まで」の中で「１～３問程度出題された」というのは、かなり多めの配分と言えるので、数値に関する問題はしっかりと記憶していたほうが良いと考えられます。

⑤「年少射撃資格に関する問題」はどのくらい出るのか？

講習会では時間の都合上「年少射撃資格」に関する話はバッサリとカットされることも多いようですが、この「年少射撃資格」に関する問題は、

『**出題されなかった**』が８名（他、都道府県）

『**出題された**』が２名（千葉、京都２）

と、「まったく出題されない」ということは無いようです。よって、この部分もある程度の概要は理解しておく必要があります。

⑥ モニター結果と勉強時間

その他、アンケート調査の結果は以下の通りです。考査対策の参考にしてください。

都道府県	長野	大阪	京都1	兵庫	東京	千葉	群馬	北海道	鳥取	京都2
模試 No.	1	2	3	4	5	1	2	3	4	5
点数	45	39	45	45	49	40	42	39	49	47
難易度の感想	易	難	易	同	同	難	同	難	易	難
考査に合格した日（※1）	6カ月前	1週間前	10カ月前	1カ月前	5カ月前	6カ月前	11カ月前	11カ月前	60カ月前	3週間前
考査の予習に費やした時間	40時間	20時間	9時間	10時間	120時間	10時間	60時間	2時間	1時間	27時間
考査の合格率（※2）	43／45	不明1	18／30	28／38	20／29	9割方	不明2	40／40	6／10	8／10

（※1：考査に合格した日から模擬問題を解いてもらった日までのブランク）
（※2：受講者に対する考査合格者の比率。目測によるものなので〝約〟の人数）
（不明1：合否発表は後日、郵送通知だった）
（不明2：考査結果が各テーブルに配布される形式だった）

本書の模擬試験は出題の順番をランダム化しています。問題の難易度は「ちょっと難しいかな？」ぐらいを想定しています。
1回解いて45点に満たなくても、間違ったところを再度勉強して、最後まであきらめずに頑張ってください！

「居眠りしていたら落ちる」って噂は本当？

猟銃等講習会（初心者講習）では、「講習中に居眠りをしていると落とされる」という話が、まことしやかに囁かれています。

実際に「考査の運用要領」の合格基準には「〝おおむね〟45点以上」と不可解な枕言葉が付いており、さらに参考文献の「銃砲所持許可取得の要点」（一般社団法人 日本猟用資材工業会）には「考査は講習会修了書を交付する判断の一部であり、すべてではありません」という記述があります。つまり「講習会時の素行が悪くて落とされる」という可能性は、十分にあり得る話なのです。

以下、アンケート調査で本件について答えてもらった意見の一部です。はたしてその真相は!? ……皆様の判断にお任せします。

年配で居眠りしていた男性がいましたが不合格でした。テキストは使い込んだ様子だったので、何度も落ちているような雰囲気でした。

【長野】

質問時に的外れな質問をしていた人、性格的に問題がありそうな応答をする人は全員落とされていました。講義中も観察されている感じでした。

【兵庫】

私の隣の人を含め、居眠りをしている人が何人かいましたが、ほぼ合格していました。途中休憩も何度か挟まれたりと、場は和やかな感じでした。

【東京】

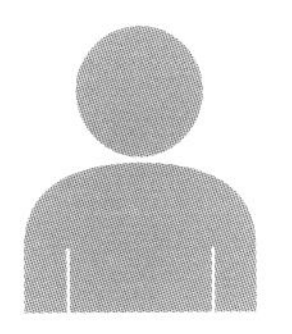

受講態度で落とされている様子は無かったです。B系ファッションで来ていた人も受かってました。希望者には帰り際に点数を教えてくれていたので、点数だけで合否を判断していると感じました。

【鳥取】

予想模擬試験・問題解答

1

Shotgun & Rifle

次の記述のうち、正しいものには○を、誤っているものには×を付けなさい。

【問1】

猟銃による事故を防止するためには、銃の構造等の知識に加え、使用する実包等火薬類に関する基本的な知識を習得する必要がある。

【問2】

事故防止のためには、疲れを感じたら狩猟を中止し、疲労を回復してから狩猟を再開するような配慮が必要である。

【問3】

猟銃用火薬類等の消費の許可を受けるのは、住所地を管轄する警察署に申請を提出する必要がある。

【問4】

狩猟の用途のために所持許可を受けた銃を違法な狩猟をするために携帯することはできない。

【問5】

空気銃の所持許可を受けることができる人は18歳以上でなければならないが、日本スポーツ協会から推薦された者は14歳から所持許可を受けることができる。

【問6】

射撃場では、銃に弾を装填してから射台に立ち、準備ができたことの合図を送る。

【問7】

弾丸の「最大到達距離」はあくまでも目安であり、風向きによってはさらに遠くまで飛ぶことがある。

【問8】

散弾は号数によって粒の数が決められている。例えば、12号の散弾は12発、30号の散弾は30発の弾が薬莢の中に入っていることを意味する。

【問9】

猟銃や空気銃の所持許可が失効した場合には、50日以内に改めて所持許可を受けるか、その猟銃や空気銃を譲渡又は廃棄するなどの措置をとらなければならない。

【問10】

都道府県公安委員会は、猟銃や空気銃、実包等を保管している者に対して、保管の状況について必要な報告を求めることができる。しかし、警察職員が実際に保管場所に立ち入るようなことはできない。

【問11】

実包は火薬が多ければ多いほど威力が強くなるので、自分で実包を製造する際は、火薬を多く使ったほうが良い。

【問 12】

射撃に関しては、法律で定められた決まり以外にも、ルールやマナーも大事である。

【問 13】

散弾銃から発射される散弾は、獲物に命中した一部の弾以外は「流れ弾」となる。

【問 14】

たとえ親しい友人や、狩猟・射撃の大先輩だとしても、自身の銃を貸したり運搬させたりすることは違反である。

【問 15】

狩猟免許には、銃猟免許、わな猟免許、網猟免許の３つの種類がある。装薬銃や空気銃を用いて狩猟をする場合は銃猟免許を受ける必要がある。

【問 16】

引き金の遊びとは「ガタつき」のことであり、不良個所といえるので、すみやかに銃砲店で修理してもらう必要がある。

【問 17】

引き金を引いて撃鉄が落ちてもすぐに弾丸が発射されず、やや時間をおいてから発射されることを不発という。

【問 18】

「射撃技能の維持向上」は努力義務なので、これに違反したとしても都道府県公安委員会から指示処分を受けることはない。

【問 19】

暴発事故のほとんどは、小まめに脱包を確認することで防ぐことができる。

【問 20】

狩猟で実包を消費した場合は、帳簿に消費した数だけを記載すればよい。

【問 21】

猟銃や空気銃による射撃を行う前に、銃を安全に発射できる発射方向の範囲を事前に確認しておく必要がある。

【問 22】

猟銃や空気銃の所持許可の更新を受けようとする者は、経験者講習会を受けて、その講習を修了しなければならない。

【問 23】

銃は原則として、所持許可を受けた者が自ら保管しなければならないが、同居人に銃の所持許可を受けている者がいる場合は、例外としてその者に保管を任せることができる。

【問 24】

実包を装填した後は、必ず開閉レバーの位置などにより薬室が完全に閉鎖されているかを確認しなければならない。

【問 25】

猟銃と実包は、ガンケースと装弾ケースといった具合に、容器を分けて運搬する必要がある。

【問 26】

先台が確実に装着されていなかったり、ゆるみがあると、銃を発射したときに先台が外れ、事故の発生につながる。

【問 27】

猟銃又は空気銃の所持者は、銃をなくしたり盗まれたときは、直ちに警察官に届け出なければならない。

【問 28】

実包の保管数や消費数などに虚偽の記載をすると、刑事罰を受ける場合がある。

【問 29】

猟銃や空気銃の事故で最も多いのは、銃身や機関部の破損によって射手自身が怪我をする自損事故である。

【問 30】

災害による交通途絶のため猟銃の所持許可の更新を受けることができなかった人で交付後３年以内の技能講習修了証明書を所持する人は、交通復旧後３か月以内であれば、射撃教習を受講することなく、猟銃の所持許可を受けることができる。

【問 31】

宿泊施設で銃を管理人などに預けておくときは、銃は施錠したケースにいれてシーツなどで巻いておくなどの配慮が必要になる。

【問 32】

所持許可を受ける前に銃を所持すると違法となるが、その銃の所持者が親族であり、遺品として譲り受ける場合はその限りではない。

【問 33】

銃砲刀剣類所持等取締法や火薬類取締法に違反して罰金刑を受けた人は、その刑の執行が終わった日から起算して 10 年間、猟銃や空気銃の所持許可を受けることができない。

【問 34】

所持許可を受けた猟銃や空気銃を廃棄した場合、その所持許可は取り消される。

【問 35】

銃砲刀剣類所持等取締法では、民間人がどのようなものであっても銃砲を所持することを禁止しており、例外は無い。

【問 36】

銃の所持者は、日常生活のあらゆる場面で細心の注意を払う習慣を身につけておくべきである。

【問 37】

猟銃の撃発機構は、引き金を引くと撃鉄（ハンマー）が作動し、逆鉤（シアー）が撃針を打撃し、さらに撃針が雷管を打撃して起爆させる。

【問 38】

水平二連銃は、銃身が２本横に並べられている構造の銃である。

【問 39】

猟銃の安全装置は、振動、衝撃による暴発を防ぐ機構とはなっていない。

【問 40】

例え周囲に人がいなくても、銃口の向く先には常に注意を払う必要がある。

【問 41】

銃とその銃に適合する実包を同じガンロッカー内で保管すると、罰金に処せられる場合がある。

【問 42】

狩猟者登録を受けた者は、猟銃用火薬類等を無許可譲受数量の範囲内で譲り受けて所持することができる。

【問 43】

空気銃は装薬銃に比べて威力は低く、最大到達距離も短いため、例え人に命中しても死傷させるおそれはない。

【問 44】

日本は、銃に対して厳しい規制が行われており、それが良好な治安を維持してきた大きな要因であると言われている。

【問 45】

猟銃や空気銃は、所持許可を受けた者の同居親族であれば、例外として１丁の銃を共有できる。

【問 46】

実包を譲り渡したり譲り受けたりした場合、その種類と数量、年月日の３点を記載する。

【問 47】

銃を保管する設備は、金属製ロッカー等堅固な設備でなければならない。

【問 48】

猟銃や空気銃の所持者が銃砲刀剣類所持等取締法の命令や処分に違反した場合には、都道府県公安委員会からの所持許可は失効することがある。

【問 49】

猟銃や空気銃の所持許可を受ける前に、教習射撃場に備え付けてある種々の形式の猟銃や空気銃で射撃練習を行うことができる。

【問 50】

銃身の長さが 48.8 ㎝以下の空気銃は、所持許可を受けることができる。

予想模試試験１の解答

問１	○	問 11	×	問 21	○	問 31	×	問 41	○
問２	○	問 12	○	問 22	○	問 32	×	問 42	○
問３	×	問 13	○	問 23	×	問 33	×	問 43	×
問４	○	問 14	○	問 24	○	問 34	×	問 44	○
問５	○	問 15	×	問 25	○	問 35	×	問 45	×
問６	×	問 16	×	問 26	○	問 36	○	問 46	×
問７	○	問 17	×	問 27	○	問 37	×	問 47	○
問８	×	問 18	×	問 28	○	問 38	○	問 48	×
問９	○	問 19	○	問 29	×	問 39	○	問 49	×
問 10	×	問 20	×	問 30	×	問 40	○	問 50	×

【問１】 ○

第２編：猟銃及び空気銃の使用・保管等の取扱い

第１章：社会的責任を果たすために

【問２】 ○

第２編：猟銃及び空気銃の使用・保管等の取扱い

第３章：猟銃・空気銃の使用、保管等についての準則

§１：猟銃・空気銃の基本的取扱い

【問３】 ×

（補足解説）

猟銃用火薬の消費許可を申請するのは、住所地を管轄する警察署ではなく、消費地を管轄する警察署です。例えば、クレー射撃の大会に出るために消費許可を受ける場合、その大会が開かれる射撃場を管轄する警察署に申請を出します。

第１編：猟銃及び空気銃の所持に関する法令

第３章：猟銃用火薬類等に関する法令

【問４】 ○

第１編：猟銃及び空気銃の所持に関する法令

第２章：猟銃・空気銃の所持に関する法令

§６：猟銃・空気銃の所持についての遵守事項

【問５】 ○

第１編：猟銃及び空気銃の所持に関する法令

第２章：猟銃・空気銃の所持に関する法令

§２：所持許可制度

【問6】 ×

（補足解説）

> 射撃場では、まず射台に立って発射の準備ができた後で、銃に弾を装填します。

第２編：猟銃及び空気銃の使用・保管等の取扱い

第３章：猟銃・空気銃の使用、保管等についての準則

§１：猟銃・空気銃の基本的取扱い

【問7】 ○

第２編：猟銃及び空気銃の使用・保管等の取扱い

第２章：銃の種類等

§３：銃の威力と危険範囲

【問8】 ×

（補足解説）

> 散弾は〝粒の大きさ〟で号数が決まっています。例えば、クレー射撃でよく使われる「7半号」と呼ばれる散弾は、１粒の弾の直径が約2.41㎜、「９号」は約2.0㎜です。何発の弾が入っているかは重量であらわされ、例えば「９号24グラム」の弾は、９号の散弾が24グラム入っています。

第２編：猟銃及び空気銃の使用・保管等の取扱い

第２章：銃の種類等

§３：銃の威力と危険範囲

【問9】 ○

第１編：猟銃及び空気銃の所持に関する法令

第２章：猟銃・空気銃の所持に関する法令

§４：所持許可の失効とその後の手続

【問10】 ×

（補足解説）

> 警察職員は保管状況を確認するために、立ち入り検査ができます。

第１編：猟銃及び空気銃の所持に関する法令

第２章：猟銃・空気銃の所持に関する法令

§６：猟銃・空気銃の所持についての遵守事項

【問11】 ×

（補足解説）

> 実包に使われる火薬の量は、使用する装弾の重量や薬莢の種類などで決まっています。メーカーが指定する基準に従って、その範囲から逸脱しないように装填しましょう。

第２編：猟銃及び空気銃の使用・保管等の取扱い

第４章：実包の運搬及び保管についての一般準則

§２：火薬類の保管

【問 12】 ○

第２編：猟銃及び空気銃の使用・保管等の取扱い

第３章：猟銃・空気銃の使用、保管等についての準則

§１：猟銃・空気銃の基本的取扱い

【問 13】 ○

第２編：猟銃及び空気銃の使用・保管等の取扱い

第３章：猟銃・空気銃の使用、保管等についての準則

§１：猟銃・空気銃の基本的取扱い

【問 14】 ○

第２編：猟銃及び空気銃の使用・保管等の取扱い

第３章：猟銃・空気銃の使用、保管等についての準則

§３：猟銃・空気銃の保管の一般準則

【問 15】 ×

（補足解説）

狩猟免許は第一種銃猟免許、第二種銃猟免許、わな猟免許、網猟免許の４つの種類です。猟銃は第一種銃猟免許、空気銃は第二種（第一種でも可）を受けなければなりません。

第１編：猟銃及び空気銃の所持に関する法令

第４章：狩猟に関する法令

【問 16】 ×

（補足解説）

引き金の「遊び」（テイクアップ）は引き金が引かれて逆鉤が作動するまでの余裕です。この遊びが小さすぎると、暴発を起こす危険性が高まります。

第２編：猟銃及び空気銃の使用・保管等の取扱い

第２章：銃の種類等

§２：撃発機構及び安全装置

【問 17】 ×

（補足解説）

弾丸が遅れて発射する現象は〝遅発〟と呼ばれています。

第２編：猟銃及び空気銃の使用・保管等の取扱い

第３章：猟銃・空気銃の使用、保管等についての準則

§１：猟銃・空気銃の基本的取扱い

【問 18】 ×

（補足解説）

射撃技能の維持向上は努力義務ですが、状況によっては公安委員会から射撃の練習を行うように指示が下ることがあります。

第１編：猟銃及び空気銃の所持に関する法令

第２章：猟銃・空気銃の所持に関する法令

§６：猟銃・空気銃の所持についての遵守事項

【問 19】 ○

第２編：猟銃及び空気銃の使用・保管等の取扱い

第３章：猟銃・空気銃の使用、保管等についての準則

§１：猟銃・空気銃の基本的取扱い

【問 20】 ×

（補足解説）

狩猟で実包を消費した場合は、帳簿に消費した数だけでなく、〝どこで消費したか〟も記載する必要があります。

第１編：猟銃及び空気銃の所持に関する法令

第２章：猟銃・空気銃の所持に関する法令

§６：猟銃・空気銃の所持についての遵守事項

【問 21】 ○

第２編：猟銃及び空気銃の使用・保管等の取扱い

第３章：猟銃・空気銃の使用、保管等についての準則

§１：猟銃・空気銃の基本的取扱い

【問 22】 ○

第１編：猟銃及び空気銃の所持に関する法令

第２章：猟銃・空気銃の所持に関する法令

§３：所持許可の更新とその手続

【問 23】 ×

（補足解説）

銃の保管は、所持許可を受けた本人が管理しなければなりません。たとえ同居中の親族に銃の所持許可を受けている人がいても、保管を任せることはできません。

第１編：猟銃及び空気銃の所持に関する法令

第２章：猟銃・空気銃の所持に関する法令

§６：猟銃・空気銃の所持についての遵守事項

【問24】 ○

第２編：猟銃及び空気銃の使用・保管等の取扱い

第３章：猟銃・空気銃の使用、保管等についての準則

§１：猟銃・空気銃の基本的取扱い

【問25】 ○

第２編：猟銃及び空気銃の使用・保管等の取扱い

第４章：実包の運搬及び保管についての一般準則

§１：実包の運搬

【問26】 ○

第２編：猟銃及び空気銃の使用・保管等の取扱い

第３章：猟銃・空気銃の使用、保管等についての準則

§２：使用前の注意事項

【問27】 ○

第１編：猟銃及び空気銃の所持に関する法令

第２章：猟銃・空気銃の所持に関する法令

§６：猟銃・空気銃の所持についての遵守事項

【問28】 ○

第１編：猟銃及び空気銃の所持に関する法令

第２章：猟銃・空気銃の所持に関する法令

§６：猟銃・空気銃の所持についての遵守事項

【問29】 ×

（補足解説）

猟銃や空気銃の事故のほとんどは、誤射や暴発による死傷事故です。このような事故は、銃口の向きに注意をしていれば防止することができます。

第２編：猟銃及び空気銃の使用・保管等の取扱い

第３章：猟銃・空気銃の使用、保管等についての準則

§１：猟銃・空気銃の基本的取扱い

【問30】 ×

（補足解説）

災害により交通が途絶していたため更新申請ができなかった人は、例外として有効期限が残っている技能講習修了証明書を使って、新しく所持許可を受けることができます。ただしそれが認められるのは交通復旧後〝1か月以内〟です。

第１編：猟銃及び空気銃の所持に関する法令

第２章：猟銃・空気銃の所持に関する法令

§３：所持許可の更新とその手続

【問 31】 ×

(補足解説)

宿泊場所での銃の管理は、必ず自分自身で行わなければなりません。クローク(荷物預りサービス)などに預けることはできません。

第2編:猟銃及び空気銃の使用・保管等の取扱い

第3章:猟銃・空気銃の使用、保管等についての準則

§3:猟銃・空気銃の保管の一般準則

【問 32】 ×

(補足解説)

例え親族の遺品であったとしても、所持許可を受けていない銃を所持することは禁止されています。

第1編:猟銃及び空気銃の所持に関する法令

第2章:猟銃・空気銃の所持に関する法令

§2:所持許可制度

【問 33】 ×

(補足解説)

銃刀法または火取法で罰金刑に処せられた人は、その刑の執行が終わって〝5年間〟所持許可を受けることができません。なお、上記の罪で「死刑、無期もしくは3年以上の懲役・禁固」に処せられた場合、違法な行為をした日から起算して10年間、所持許可を受けることができません。

第1編:猟銃及び空気銃の所持に関する法令

第2章:猟銃・空気銃の所持に関する法令

§2:所持許可制度

【問 34】 ×

(補足解説)

猟銃や空気銃を廃棄した(銃砲店に引き取ってもらった)場合、所持許可は〝失効〟します。取消しではありません。

第1編:猟銃及び空気銃の所持に関する法令

第2章:猟銃・空気銃の所持に関する法令

§4:所持許可の失効とその後の手続

【問 35】 ×

（補足解説）

機関銃や大砲といった銃砲を民間人が所持することは禁止されています。しかし、〝猟銃・空気銃〟に限っては都道府県公安委員会からの猟銃空気銃所時許可が認められれば、合法的に所持することが可能です。

第１編：猟銃及び空気銃の所持に関する法令

第２章：猟銃・空気銃の所持に関する法令

§１：猟銃・空気銃の所持の禁止と除外事由

【問 36】 ○

第２編：猟銃及び空気銃の使用・保管等の取扱い

第１章：社会的責任を果たすために

【問 37】 ×

（補足解説）

猟銃の撃発機構は、引き金を引く→引き金が逆鉤を作動させる→逆鉤と撃鉄の噛み合いが外れる→撃鉄が撃針を叩く→撃針が雷管を叩く、という流れで行われます。

第２編：猟銃及び空気銃の使用・保管等の取扱い

第２章：銃の種類等

§２：撃発機構及び安全装置

【問 38】 ○

第２編：猟銃及び空気銃の使用・保管等の取扱い

第２章：銃の種類等

§１：銃の種類

【問 39】 ○

第２編：猟銃及び空気銃の使用・保管等の取扱い

第２章：銃の種類等

§２：撃発機構及び安全装置

【問 40】 ○

第２編：猟銃及び空気銃の使用・保管等の取扱い

第３章：猟銃・空気銃の使用、保管等についての準則

§１：猟銃・空気銃の基本的取扱い

【問 41】 ○

第１編：猟銃及び空気銃の所持に関する法令

第２章：猟銃・空気銃の所持に関する法令

§６：猟銃・空気銃の所持についての遵守事項

【問42】 ○

第１編：猟銃及び空気銃の所持に関する法令

第３章：猟銃用火薬類等に関する法令

【問43】 ×

(補足解説)

空気銃は装薬銃に比べて威力は低いですが、人に命中すると皮膚を貫通して大ケガを負わせるほどの威力を持ちます。

第２編：猟銃及び空気銃の使用・保管等の取扱い

第２章：銃の種類等

§３：銃の威力と危険範囲

【問44】 ○

第１編：猟銃及び空気銃の所持に関する法令

第１章：猟銃・空気銃所持者の社会的責任

【問45】 ×

(補足解説)

所持許可制度では、たとえ親族であっても共有することはできません（一銃一許可)。

第１編：猟銃及び空気銃の所持に関する法令

第２章：猟銃・空気銃の所持に関する法令

§２：所持許可制度

【問46】 ×

(補足解説)

実包を譲り渡したり譲り受けたりした場合、帳簿には、種類と数量、年月日に加え、相手方の住所や氏名（銃砲店であれば銃砲店の名前など）を記載します。

第１編：猟銃及び空気銃の所持に関する法令

第２章：猟銃・空気銃の所持に関する法令

§６：猟銃・空気銃の所持についての遵守事項

【問47】 ○

第１編：猟銃及び空気銃の所持に関する法令

第２章：猟銃・空気銃の所持に関する法令

§６：猟銃・空気銃の所持についての遵守事項

【問 48】 ×

（補足解説）

銃刀法違反により、銃の提出指示等を受けたにもかかわらず従わなかった場合は、所持許可が〝取り消される〟場合があります。失効ではありません。

第１編：猟銃及び空気銃の所持に関する法令

第２章：猟銃・空気銃の所持に関する法令

§５：指示及び所持許可の取消し

【問 49】 ×

（補足解説）

備え付けてある様々な種類の猟銃・空気銃で射撃ができるのは、教習射撃場ではなく〝練習射撃場〟の指定を受けた射撃場です。

第２編：猟銃及び空気銃の使用・保管等の取扱い

第３章：猟銃・空気銃の使用、保管等についての準則

§２：使用前の注意事項

【問 50】 ×

（補足解説）

猟銃（散弾銃やライフル銃などの装薬銃）は、銃身の長さが 48.8 ㎝以下の物は所持許可の対象になりません。しかし、空気銃の場合は銃身の長さに規定はありません。

第１編：猟銃及び空気銃の所持に関する法令

第２章：猟銃・空気銃の所持に関する法令

§２：所持許可制度

予想模擬試験・問題解答

2

Shotgun & Rifle

次の記述のうち、正しいものには○を、誤っているものには×を付けなさい。

【問1】

射撃をするため実包を装填した時は、薬室が完全に閉鎖されているかどうかを開閉レバーにより確認すること。

【問2】

初めに標的射撃の用途で所持許可を受けた銃を「狩猟」の用途にも使いたい場合、一旦所持許可を抹消して、新たに所持許可を受け直さなければならない。

【問3】

猟銃又は空気銃をなくしたり盗まれたりしていないのに嘘の届出をした者は、罰金に処せられる場合がある。

【問4】

猟銃や空気銃の弾道は、重さや形状、使用する火薬量や種類、空気圧などによって変化する。

【問5】

法の基準に従って保管している銃であっても、盗難の被害に遭う危険性がないとは言い切れない。

【問6】

災害や病気のために更新申請期間内に申請ができなかった人は、所持許可の有効期間が満了した後でも、その理由を明らかにした書類を添えて更新申請を行うことができる。

【問7】

足場が悪い猟場では、銃を杖がわりに使用することが効果的である。

【問8】

銃とその銃に適合する実包等は同一の建物内に保管しないように努めなければならない。

【問9】

銃猟を行う場合は、銃砲刀剣類所持等取締法だけでなく、鳥獣の保護及び管理並びに狩猟の適正化に関する法律の規定も遵守しなければならない。

【問10】

散弾銃の弾倉を3発以上実包を装填できるように改造した場合、所持許可が失効することがある。

【問11】

銃砲刀剣類所持等取締法など関連する法律の知識を身につけることは、猟銃や空気銃を所持する者の基本である。

【問12】

猟銃や空気銃は使用（発砲）をしないのであれば、コレクションを目的で所持することができる。

【問 13】

猟銃や空気銃の所持者は、有効射程内はもちろんのこと、最大到達距離までの範囲は危険距離であることを認識しなければならない。

【問 14】

高温多湿な環境は、手詰め用の火薬や銃用雷管の劣化を早めてしまう。

【問 15】

銃を持つときは、銃口が不用意に人のいる方向に向かないように気をつけて取り扱わなければならない。

【問 16】

銃の薬室や弾倉内の実包装填の有無を確認することは、クセとして身に付けておいたほうが良い。

【問 17】

都道府県公安委員会は、猟銃や空気銃、実包等を保管している者に対し、保管の状況について必要な報告を、１年に１回の銃砲検査のさいに行うことができる。

【問 18】

射撃中に銃に何かしらの違和感を感じた場合でも、射撃は止めないほうが良い。

【問 19】

猟銃や空気銃の所持許可が失効したときは、必ず住所地を管轄する警察署に速やかに所持許可証を返納しなければならない。

【問 20】

ライフル銃及び空気銃の場合、弾倉に６発以上の実包が装填できる構造のものは所持許可の対象とならない。

【問 21】

実包などの猟銃用火薬類を保管する場所は、盗難や防火などの対策を行っておくべきである。

【問 22】

都道府県公安委員会からの指示に従わなかった場合には、銃の所持許可が取り消されることがある。

【問 23】

引き金の「あそび」は銃の故障なので、引き金にあそびがある場合はすぐに銃砲店に修理を依頼する。

【問 24】

初矢（一発目）が発射されたのに二の矢（二発目）が発射されない現象は、装弾の不良が原因なので、再度引き金を引いても弾は発射される心配はない。

【問 25】
所持許可を受けた人が亡くなった場合、その親族や同居人、家主は所持許可証を速やかに廃棄しなければならない。

【問 26】
実包を消費する目的が明確でない場合、猟銃用火薬類等の譲受けは許可されない。

【問 27】
自分自身や友人が猟銃や空気銃を扱うときに誤った取扱いをしないように、お互い注意し合わなければならない。

【問 28】
ライフル銃で使用するライフルドスラッグと呼ばれる弾丸は、最大到達距離が約 700 メートルに及ぶものもある。

【問 29】
有害鳥獣駆除のために獲物を捕獲する場合であっても、銃による事故を防止することを優先しなければならない。

【問 30】
夜間に狩猟をする場合は、昼間以上に周囲の状況に注意を払い、誤射の危険性に十分配慮しなければならない。

【問 31】
銃は、もともと遠くにいる動物を狩るためや人を殺傷するために作られた危険な道具である。

【問 32】
猟銃や空気銃の所持許可を受けるには、本籍地を管轄する警察署に申請する必要がある。

【問 33】
銃身部に異常を認めた場合、自動銃など薬室側から銃身内部を覗きにくい構造の銃では、取り外して確認する必要がある。

【問 34】
銃を発射した結果、思いもよらない方向にいた人に当たって怪我を負わせた場合の責任は、全て発射した人の責任である。

【問 35】
山の尾根に獲物がいる場合は、斜面の下から撃ち上げるように射撃をする方法が、もっとも安全性が高い。

【問 36】
薬室の閉鎖が不完全な銃で射撃をすると、重大な事故を引き起こすことがある。

【問 37】
狩猟用途で猟銃を持つ場合、18 歳以上から所持許可を受けることができる。

【問 38】

狩猟や有害鳥獣駆除に際して野外で装填するときには、銃口を上に向けておき、万が一暴発が発生した場合でも上空に弾が発射されるようにしなければならない。

【問 39】

公共交通機関を利用して実包を運搬する場合、交通機関の種類に関わらず完全な包装をして、安全に運搬するように心がけなければならない。

【問 40】

猟銃や空気銃は、基準にあったガンロッカー以外で保管することはできない。

【問 41】

「撃鉄（ハンマー）」とは、リボルバー式の拳銃などに使われる部品であり、散弾銃やライフル銃といった猟銃には無い。

【問 42】

所持許可の更新手続をせずに有効期間が満了すると、所持許可が失効する。

【問 43】

認知症である人は、猟銃や空気銃の所持許可を受けることができないこともある。

【問 44】

許可を受けた猟銃や空気銃を所持している人が、友人にそれらの銃を貸し出すと、貸し出し手と受け取り手の両方が法律違反になる。

【問 45】

プリチャージ式空気銃は、発射のエネルギー源に小型ボンベに入った圧縮炭酸ガスを利用する構造の銃である。

【問 46】

銃を片手で握るなどの保持は、誤って取り落とす可能性があるので慎むべきである。

【問 47】

猟銃用火薬類等の譲受許可には譲受票に譲り受けた年月日や数量等の記載を受けなければならないが、無許可譲受にはそのような記載は必要ない。

【問 48】

実包の管理状況を記載する帳簿の備えつけは努力義務であり、帳簿に記載をしなかったとしても処罰されることはない。

【問 49】

不発弾は弾が発射される危険性はないため、一般ゴミとして処分できる。

【問 50】

都道府県公安委員会から実包等の保管状況について報告を求められた場合は、その報告を求められた時点での、残弾数と残火薬量を口頭で報告すればよい。

予想模試試験２の解答

問1	○	問11	○	問21	○	問31	○	問41	×
問2	×	問12	×	問22	○	問32	×	問42	○
問3	○	問13	○	問23	×	問33	○	問43	×
問4	○	問14	○	問24	×	問34	○	問44	○
問5	○	問15	○	問25	×	問35	×	問45	×
問6	×	問16	○	問26	○	問36	○	問46	○
問7	×	問17	×	問27	○	問37	×	問47	×
問8	○	問18	×	問28	×	問38	×	問48	×
問9	○	問19	×	問29	○	問39	○	問49	×
問10	×	問20	○	問30	×	問40	×	問50	×

【問１】 ○

第２編：猟銃及び空気銃の使用・保管等の取扱い

第２章：銃の種類等

§２：撃発機構及び安全装置

【問２】 ×

（補足解説）

所持許可に用途を追加したい場合は、許可証の〝書き換え〟を行います。所持許可を抹消して取り直す必要はありません。

第１編：猟銃及び空気銃の所持に関する法令

第２章：猟銃・空気銃の所持に関する法令

§６：猟銃・空気銃の所持についての遵守事項

【問３】 ○

第１編：猟銃及び空気銃の所持に関する法令

第２章：猟銃・空気銃の所持に関する法令

§６：猟銃・空気銃の所持についての遵守事項

【問４】 ○

第２編：猟銃及び空気銃の使用・保管等の取扱い

第２章：銃の種類等

§３：銃の威力と危険範囲

【問５】 ○

第２編：猟銃及び空気銃の使用・保管等の取扱い

第３章：猟銃・空気銃の使用、保管等についての準則

§３：猟銃・空気銃の保管の一般準則

【問6】 ×

（補足解説）

たとえやむをえない理由があったとしても、所持許可の有効期間が満了した後は失効するため、更新をすることはできません。

第１編：猟銃及び空気銃の所持に関する法令
第２章：猟銃・空気銃の所持に関する法令
§３：所持許可の更新とその手続

【問7】 ×

（補足解説）

銃を杖などの用途に使うことは、故障の原因になるため、絶対にしてはいけません。

第２編：猟銃及び空気銃の使用・保管等の取扱い
第３章：猟銃・空気銃の使用、保管等についての準則
§１：猟銃・空気銃の基本的取扱い

【問8】 ○

第１編：猟銃及び空気銃の所持に関する法令
第２章：猟銃・空気銃の所持に関する法令
§６：猟銃・空気銃の所持についての遵守事項

【問9】 ○

第１編：猟銃及び空気銃の所持に関する法令
第４章：狩猟に関する法令

【問10】 ×

（補足解説）

銃の構造・機能の基準維持義務に違反した場合、所持許可は取り消される場合があります。失効ではありません。

第１編：猟銃及び空気銃の所持に関する法令
第２章：猟銃・空気銃の所持に関する法令
§６：猟銃・空気銃の所持についての遵守事項

【問11】 ○

第２編：猟銃及び空気銃の使用・保管等の取扱い
第１章：社会的責任を果たすために

【問 12】 ×

（補足解説）

猟銃・空気銃は「狩猟」、「標的射撃」、「有害鳥獣駆除」のいずれかの目的でしか所持できません。その目的に使用されていない場合、銃の所持許可が取り消される可能性があります（ねむり銃）。

第１編：猟銃及び空気銃の所持に関する法令
第２章：猟銃・空気銃の所持に関する法令
　§２：所持許可制度

【問 13】 〇

第２編：猟銃及び空気銃の使用・保管等の取扱い
第２章：銃の種類等
　§３：銃の威力と危険範囲

【問 14】 〇

第２編：猟銃及び空気銃の使用・保管等の取扱い
第４章：実包の運搬及び保管についての一般準則
　§２：火薬類の保管

【問 15】 〇

第２編：猟銃及び空気銃の使用・保管等の取扱い
第３章：猟銃・空気銃の使用、保管等についての準則
　§１：猟銃・空気銃の基本的取扱い

【問 16】 〇

第２編：猟銃及び空気銃の使用・保管等の取扱い
第３章：猟銃・空気銃の使用、保管等についての準則
　§１：猟銃・空気銃の基本的取扱い

【問 17】 ×

（補足解説）

都道府県公安委員会は、銃や火薬の保管状況について、必要に応じて報告を求めることができます。

第１編：猟銃及び空気銃の所持に関する法令
第２章：猟銃・空気銃の所持に関する法令
　§６：猟銃・空気銃の所持についての遵守事項

【問 18】 ×

（補足解説）

射撃中に何らかの異常を感じたときは、直ちに射撃することをやめ、銃を肩からおろし、機関部を開放しましょう。

第２編：猟銃及び空気銃の使用・保管等の取扱い

第１章：社会的責任を果たすために

【問 19】 ×

（補足解説）

所持許可証に複数の銃が記載されている場合は、所持許可証を返納する必要はありません。この場合、所持許可証から失効した銃の記載事項が〝抹消〟されます。

第１編：猟銃及び空気銃の所持に関する法令

第２章：猟銃・空気銃の所持に関する法令

§４：所持許可の失効とその後の手続

【問 20】 ○

第１編：猟銃及び空気銃の所持に関する法令

第２章：猟銃・空気銃の所持に関する法令

§２：所持許可制度

【問 21】 ○

第１編：猟銃及び空気銃の所持に関する法令

第２章：猟銃・空気銃の所持に関する法令

§６：猟銃・空気銃の所持についての遵守事項

【問 22】 ○

第１編：猟銃及び空気銃の所持に関する法令

第２章：猟銃・空気銃の所持に関する法令

§５：指示及び所持許可の取消し

【問 23】 ×

（補足解説）

引き金の「あそび」は引き金と逆鉤の噛み合いの余裕を作る大事な設計の一部です。よって「あそびを無くす」というのは危険な調整です。

第２編：猟銃及び空気銃の使用・保管等の取扱い

第２章：銃の種類等

§２：撃発機構及び安全装置

【問24】 ×

（補足解説）

次射不能の主な原因は、初矢で引き金を引いた指の戻しが少なかった場合や、肩付けが不十分だった、などの射手による原因が主です。

第２編：猟銃及び空気銃の使用・保管等の取扱い

第２章：銃の種類等

§２：撃発機構及び安全装置

【問25】 ×

（補足解説）

所持許可を受けた人が亡くなった場合は、親族や同居人、家主は所持許可証を、死亡事実を知った10日以内に所轄の警察署に返納しなければなりません。処分してはいけません。

第１編：猟銃及び空気銃の所持に関する法令

第２章：猟銃・空気銃の所持に関する法令

§４：所持許可の失効とその後の手続

【問26】 ○

第１編：猟銃及び空気銃の所持に関する法令

第３章：猟銃用火薬類等に関する法令

【問27】 ○

第２編：猟銃及び空気銃の使用・保管等の取扱い

第３章：猟銃・空気銃の使用、保管等についての準則

§１：猟銃・空気銃の基本的取扱い

【問28】 ×

（補足解説）

「ライフルドスラッグ」（スラッグ弾や単発弾と呼ばれることもある）は、散弾銃で使用する装弾です。散弾ではなく１発の大きな弾を発射します。

第２編：猟銃及び空気銃の使用・保管等の取扱い

第２章：銃の種類等

§３：銃の威力と危険範囲

【問29】 ○

第２編：猟銃及び空気銃の使用・保管等の取扱い

第３章：猟銃・空気銃の使用、保管等についての準則

§１：猟銃・空気銃の基本的取扱い

【問 30】 ×

（補足解説）

日出前・日没以降の銃猟行為は禁止されています。なお、指定管理鳥獣捕獲等事業に従事する認定鳥獣捕獲等事業者が行う捕獲については、夜間銃猟が例外的に認められる場合はあります。ただしこれは通常の「狩猟」とは制度が異なります。

第１編：猟銃及び空気銃の所持に関する法令
第２章：猟銃・空気銃の所持に関する法令
§６：猟銃・空気銃の所持についての遵守事項

【問 31】 ○

第１編：猟銃及び空気銃の所持に関する法令
第１章：猟銃・空気銃所持者の社会的責任

【問 32】 ×

（補足解説）

銃の所持許可は、所持許可を申請する人の住所地（住民票を置く都道府県）を管轄する警察署に申請します。本籍地ではありません。

第１編：猟銃及び空気銃の所持に関する法令
第２章：猟銃・空気銃の所持に関する法令
§２：所持許可制度

【問 33】 ○

第２編：猟銃及び空気銃の使用・保管等の取扱い
第３章：猟銃・空気銃の使用、保管等についての準則
§２：使用前の注意事項

【問 34】 ○

第２編：猟銃及び空気銃の使用・保管等の取扱い
第３章：猟銃・空気銃の使用、保管等についての準則
§１：猟銃・空気銃の基本的取扱い

【問 35】 ×

（補足解説）

尾根に獲物がいる場合、斜面の下から撃つと、狙いが反れた弾が尾根を飛び越えるため、死角になっている場所にいる人に直撃する危険性があります。

第２編：猟銃及び空気銃の使用・保管等の取扱い
第３章：猟銃・空気銃の使用、保管等についての準則
§１：猟銃・空気銃の基本的取扱い

【問 36】 ○

第２編：猟銃及び空気銃の使用・保管等の取扱い

第３章：猟銃・空気銃の使用、保管等についての準則

§２：使用前の注意事項

【問 37】 ×

（補足解説）

狩猟用途の猟銃（散弾銃やライフル銃など）の所持許可は、20歳以上でなければ受けることはできません。ただし、標的射撃用途であれば、18歳以上から所持許可を受けられる例外はあります。

第１編：猟銃及び空気銃の所持に関する法令

第２章：猟銃・空気銃の所持に関する法令

§２：所持許可制度

【問 38】 ×

（補足解説）

野外で装填する際は、銃口を柔らかい地面など跳弾が発生しにくい方向に向けます。上空に向けると流れ弾を作る原因になり危険です。

第２編：猟銃及び空気銃の使用・保管等の取扱い

第３章：猟銃・空気銃の使用、保管等についての準則

§１：猟銃・空気銃の基本的取扱い

【問 39】 ○

第２編：猟銃及び空気銃の使用・保管等の取扱い

第４章：実包の運搬及び保管についての一般準則

§１：実包の運搬

【問 40】 ×

（補足解説）

ガンロッカーと同等の基準で作られた堅固な設備であれば、銃を保管できます。

第２編：猟銃及び空気銃の使用・保管等の取扱い

第３章：猟銃・空気銃の使用、保管等についての準則

§３：猟銃・空気銃の保管の一般準則

【問 41】 ×

（補足解説）

猟銃の場合は外から見えませんが、機関部の中に撃鉄（ハンマー）があります。なお、元折れ単身銃や水平二連銃には、「有鶏頭銃」というタイプもあります。

第２編：猟銃及び空気銃の使用・保管等の取扱い

第２章：銃の種類等

§２：撃発機構及び安全装置

【問 42】 ○

第１編：猟銃及び空気銃の所持に関する法令
第２章：猟銃・空気銃の所持に関する法令
§３：所持許可の更新とその手続

【問 43】 ×

（補足解説）

認知症の診断を受けた人は、絶対に所持許可を受けることはできません。

第１編：猟銃及び空気銃の所持に関する法令
第２章：猟銃・空気銃の所持に関する法令
§２：所持許可制度

【問 44】 ○

第１編：猟銃及び空気銃の所持に関する法令
第２章：猟銃・空気銃の所持に関する法令
§１：猟銃・空気銃の所持の禁止と除外事由

【問 45】 ×

（補足解説）

プリチャージ式空気銃は、銃に取り付けられたエアシリンダーに、外部から高圧空気を注入して溜める構造です。圧縮炭酸ガスを使用するのは「圧縮ガス式空気銃」です。

第２編：猟銃及び空気銃の使用・保管等の取扱い
第２章：銃の種類等
§１：銃の種類

【問 46】 ○

第２編：猟銃及び空気銃の使用・保管等の取扱い
第３章：猟銃・空気銃の使用、保管等についての準則
§１：猟銃・空気銃の基本的取扱い

【問 47】 ×

（補足解説）

無許可譲受票であっても、火薬店から記載を受ける内容に変わりはありません。

第１編：猟銃及び空気銃の所持に関する法令
第３章：猟銃用火薬類等に関する法令

【問 48】 ×

（補足解説）

帳簿の作成・備え付けは義務であり、違反すると処罰される可能性があります。

第１編：猟銃及び空気銃の所持に関する法令
第２章：猟銃・空気銃の所持に関する法令
§６：猟銃・空気銃の所持についての遵守事項

【問 49】 ×

（補足解説）

不発弾も火薬類と変わりはないため、火薬店に引き取って処分してもらいます。

第２編：猟銃及び空気銃の使用・保管等の取扱い

第３章：猟銃・空気銃の使用、保管等についての準則

§１：猟銃・空気銃の基本的取扱い

【問 50】 ×

（補足解説）

実包や火薬類の管理状況は、専用の帳簿を備えておかなければなりません。

第１編：猟銃及び空気銃の所持に関する法令

第２章：猟銃・空気銃の所持に関する法令

§６：猟銃・空気銃の所持についての遵守事項

予想模擬試験・問題解答

3

Shotgun & Rifle

次の記述のうち、正しいものには○を、誤っているものには×を付けなさい。

【問1】

猟銃や空気銃の発射制限に違反した者は、罰金に処せられる場合がある。

【問2】

自宅で保管できる実包や空包は800個以内である。

【問3】

猟銃や空気銃を、射撃をする目的以外の道具として使用することは、暴発事故や銃の故障を引き起こす原因となるため、絶対にしてはならない。

【問4】

故障している銃は、例え盗難されても犯罪に使用されるリスクは無いので、他人に預けておくことができる。

【問5】

所持許可証の返納を怠ったときは、科料に処せられる場合がある。

【問6】

ライフル銃の最大到達距離は、主として使用される実包の種類によって決まる。

【問7】

猟銃の所持者は、猟銃の操作及び射撃に関する技能を維持向上させるよう努めなければならない。ただし「狩猟」で所持許可を受けている場合は、この限りではない。

【問8】

年少射撃資格の認定を受けようとするものは、空気銃の場合は日本スポーツ協会の加盟地方団体からの推薦を受ける必要がある。

【問9】

実包は重量があるため、容器もその重量に耐えられる丈夫なものが必要である。

【問10】

裁判所が破産手続の開始を決定し、未だ復権をしていない者は、猟銃や空気銃の所持許可を受けることができない。

【問11】

猟銃や空気銃を所持するための申請には、年齢や経歴などの条件は存在しない。

【問12】

スライド・アクション銃は、排莢や装填といった連発に必要な操作を先台を握る手で行う銃で、散弾銃に多い。

【問13】

散弾銃でスズメを撃つときは、最も弾の直径が小さい1号弾が適している。

【問14】

所持許可証をなくしたり、盗まれたりしたとき場合は、すべての所持許可が取り消される。

【問 15】

申請者の生活態度や素行に問題があると判明しても、都道府県公安委員会はそれらを理由に所持許可申請を却下することはできない。

【問 16】

遅発のときは、10秒程度そのままの姿勢で銃口を安全な方向に向けたまま、銃を確実に保持し、その後、不発と判断して機関部を開放する。

【問 17】

平地で猟銃や空気銃を発砲するときは、水平に近い角度で発射すれば威力も命中精度も高くなるので、望ましい射撃方法と言える。

【問 18】

狩猟者登録を受けた者が登録証の有効期限が満了した際の残火薬は、購入した日から1年間は適法に所持できる。1年を経過したときは遅延なく譲渡または廃棄をしなければならない。

【問 19】

水面に向けて射撃をした場合も跳弾となる場合がある。

【問 20】

銃から弾倉を取り外し、薬室に弾が入っていないことを確認していれば、銃はただの金属の筒なので、慎重に扱う必要はない。

【問 21】

散弾銃は、一粒の散弾はライフル銃よりも威力が弱いため、ライフル銃よりも矢先の安全に注意する必要はない。

【問 22】

猟銃や空気銃を保管するためのガンロッカーは、すべての部位が1ミリメートル以上の厚さの鋼鈑で作られているだけでよい。

【問 23】

都道府県公安委員会は、所持許可を受けた者に一定の取消事由が発生した場合、銃の提出を求めることができる。

【問 24】

銃を発射するときは、「獲物をしとめる」や「大会で良い成績を残す」よりも、人の生命や身体、財産に危害を及ぼさないように注意することが何よりも大切である。

【問 25】

所持許可の更新手続をせずに有効期間が満了すると、所持許可は取消しを受ける。

【問 26】

運送業者に実包を運搬させる場合には、盗難を防止するために「スポーツ用品」という名目で送った方が良い。

【問 27】

狩猟や有害鳥獣駆除における人身事故では、いわゆる「矢先」と呼ばれる発射方向の安全確認不足が大きな原因となっている。

【問 28】

銃に違和感を覚えたり、不良箇所を発見した場合は、速やかに銃砲店に検査や修理をしてもらう必要がある。

【問 29】

猟銃又は空気銃をなくしたり盗まれたりしたのに警察官に届け出なかった者は、罰金に処せられる場合がある。

【問 30】

「仕事帰りに射撃をしたいが、自宅まで銃を取りに帰るのが面倒だ」。このような理由で猟銃等保管業者に銃の保管を委託することはできない。

【問 31】

猟場の地形等の情報、獲物の習性などを熟知しておくことは、銃による事故防止につながる。

【問 32】

猟銃等を自ら保管する義務に違反した者は、公安委員会から改善の指導を受ける場合があるが、刑事罰を受けることはない。

【問 33】

狩猟等で、獲物の確認に少しでも不安があるときは、銃を発射してはならない。

【問 34】

火薬類は高温や多湿、時間経過などで変質し、本来の性能を発揮できなくなる可能性がある。

【問 35】

所持許可証の返納は、必ず所持許可を受けた本人がしなければならない。

【問 36】

都道府県公安委員会は、猟銃や空気銃の所持許可申請に対して、必ずしも全てを許可するわけではない。

【問 37】

許可を受けた後に輸入しようとする火薬類の種類や数量を変更する場合は、許可の書換が必要になる。

【問 38】

二発目が発射できない次射不能と呼ばれる原因はすべて銃に問題があり、速やかに銃砲店に修理を依頼しなければならない。

【問 39】

散弾銃の番径の数字は、その口径の長さを直接示しているわけではなく、一種の重量表示法である。

【問 40】

相手がベテランハンターだとしても、銃口が人に向いているなどの危険な保持をしていた場合、注意をすべきである。

【問 41】

引き金の重さは、射撃用の銃では 1.5 kg以上、狩猟用の銃で 2.0 kg以上が安全上の目安とされている。

【問 42】

安全子を引いた状態では引き金を引いても撃発機構は作動しないため、実包を装填したまま運搬するときは、必ず安全子を引いておかなければならない。

【問 43】

所持許可を受けた猟銃・空気銃は個人の所有物なので、自由に改造をすることができる。

【問 44】

許可を受けた銃と認められないような大幅な改造を施した場合、その時点で許可は失効し、さらに不法所持として罪に問われる。

【問 45】

ガンロッカーは銃の保管を忘れないように、玄関などに設置しておくことが望ましい。

【問 46】

銃を携帯、運搬する場合は、銃に覆いをかぶせるか容器に入れなければならない。

【問 47】

狩猟中に獲物を取り逃したときは、次のチャンスに素早く対応するために、薬室に実包や金属製弾丸が装填されていることを確認しなければならない。

【問 48】

銃は重量があるほど精密性が向上するため、なるべく重たいものを選んだほうが良い。

【問 49】

技能検定や射撃教習を受けるために、猟銃の所持許可を受けておく必要がある。

【問 50】

海外旅行のため猟銃の所持許可の更新を受けることができなかった人で交付後３年以内の技能講習修了証明書を所持する人は、帰国後１か月以内であれば、射撃教習を受講することなく、猟銃の所持許可を受けることができる。

予想模試試験３の解答

問1	○	問11	×	問21	×	問31	○	問41	○
問2	○	問12	○	問22	×	問32	×	問42	×
問3	○	問13	×	問23	○	問33	○	問43	×
問4	×	問14	×	問24	○	問34	○	問44	○
問5	×	問15	×	問25	×	問35	×	問45	×
問6	○	問16	○	問26	×	問36	○	問46	○
問7	×	問17	×	問27	○	問37	×	問47	×
問8	○	問18	×	問28	○	問38	×	問48	×
問9	○	問19	○	問29	○	問39	○	問49	×
問10	○	問20	×	問30	×	問40	○	問50	○

【問１】 ○

第１編：猟銃及び空気銃の所持に関する法令

第２章：猟銃・空気銃の所持に関する法令

§６：猟銃・空気銃の所持についての遵守事項

【問２】 ○

第１編：猟銃及び空気銃の所持に関する法令

第３章：猟銃用火薬類等に関する法令

【問３】 ○

第２編：猟銃及び空気銃の使用・保管等の取扱い

第３章：猟銃・空気銃の使用、保管等についての準則

§１：猟銃・空気銃の基本的取扱い

【問４】 ×

（補足解説）

故障している銃であっても、銃の管理は本人が行わなければなりません。ただし、修理等で猟銃等販売事業者に銃を預けている場合は、自ら保管する義務は免除されます。

第１編：猟銃及び空気銃の所持に関する法令

第２章：猟銃・空気銃の所持に関する法令

§６：猟銃・空気銃の所持についての遵守事項

【問5】 ×

(補足解説)

所持許可証の返納を怠った場合は〝罰金〟に処せられる可能性があります。科料(罰金よりも軽い刑事罰)ではありません。

第1編：猟銃及び空気銃の所持に関する法令
第2章：猟銃・空気銃の所持に関する法令
§4：所持許可の失効とその後の手続

【問6】 ○

第2編：猟銃及び空気銃の使用・保管等の取扱い
第2章：銃の種類等
§3：銃の威力と危険範囲

【問7】 ×

(補足解説)

用途に関係なく、猟銃の所持者は銃を安全に使用するために、射撃の練習を行う努力義務があります。

第1編：猟銃及び空気銃の所持に関する法令
第2章：猟銃・空気銃の所持に関する法令
§6：猟銃・空気銃の所持についての遵守事項

【問8】 ○

第1編：猟銃及び空気銃の所持に関する法令
第2章：猟銃・空気銃の所持に関する法令
§2：所持許可制度

【問9】 ○

第2編：猟銃及び空気銃の使用・保管等の取扱い
第4章：実包の運搬及び保管についての一般準則
§1：実包の運搬

【問10】 ○

第1編：猟銃及び空気銃の所持に関する法令
第2章：猟銃・空気銃の所持に関する法令
§2：所持許可制度

【問11】 ×

(補足解説)

猟銃・空気銃の所持許可制度には、年齢や犯罪歴などによって所持許可申請ができない「欠格事項」が存在します。

第1編：猟銃及び空気銃の所持に関する法令
第1章：猟銃・空気銃所持者の社会的責任

【問 12】 ○

第２編：猟銃及び空気銃の使用・保管等の取扱い

第２章：銃の種類等

§１：銃の種類

【問 13】 ×

（補足解説）

散弾銃の弾は、番号が大きくなるほど直径が小さくなります。弾が小さいほど大量の弾を薬莢に詰めることができるので、小さな獲物には号数の大きい弾が向いています。

第２編：猟銃及び空気銃の使用・保管等の取扱い

第３章：猟銃・空気銃の使用、保管等についての準則

§１：猟銃・空気銃の基本的取扱い

【問 14】 ×

（補足解説）

所持許可証を失くした場合は、再交付の申請をおこなうことができます。

第１編：猟銃及び空気銃の所持に関する法令

第２章：猟銃・空気銃の所持に関する法令

§２：所持許可制度

【問 15】 ×

（補足解説）

欠格事由には「やって良いことと悪いことの区別がつかない人や悪いと分かっていることをやってしまう人など」も含まれ、所持許可が下りることはありません。

第１編：猟銃及び空気銃の所持に関する法令

第２章：猟銃・空気銃の所持に関する法令

§２：所持許可制度

【問 16】 ○

第２編：猟銃及び空気銃の使用・保管等の取扱い

第３章：猟銃・空気銃の使用、保管等についての準則

§１：猟銃・空気銃の基本的取扱い

【問 17】 ×

（補足解説）

平地で銃を水平発射すると、物陰などの見えない場所にいる人に弾が命中する危険性があり危険です。

第２編：猟銃及び空気銃の使用・保管等の取扱い

第３章：猟銃・空気銃の使用、保管等についての準則

§１：猟銃・空気銃の基本的取扱い

【問 18】 ×

（補足解説）

狩猟の用途で実包等を購入した場合、〝狩猟者登録の有効期限が切れた日〟（つまり猟期が終わった日）から１年間（つまり次年度の猟期が終わる日）まで適法に所持できます。購入してから１年間ではありません。

第１編：猟銃及び空気銃の所持に関する法令

第３章：猟銃用火薬類等に関する法令

【問 19】 〇

第２編：猟銃及び空気銃の使用・保管等の取扱い

第３章：猟銃・空気銃の使用、保管等についての準則

§１：猟銃・空気銃の基本的取扱い

【問 20】 ×

（補足解説）

銃に弾が入っていないことが確実であったとしても、銃の扱いは常に「実包が入っているもの」と思いながら、適切に取り扱いをしましょう。

第２編：猟銃及び空気銃の使用・保管等の取扱い

第３章：猟銃・空気銃の使用、保管等についての準則

§１：猟銃・空気銃の基本的取扱い

【問 21】 ×

（補足解説）

散弾銃は広範囲に弾が広がるという性質があるため、思わぬところに弾が命中する危険性があります。そのためライフル銃と同等に矢先に十分注意をしなければなりません。

第２編：猟銃及び空気銃の使用・保管等の取扱い

第２章：銃の種類等

§３：銃の威力と危険範囲

【問 22】 ×

（補足解説）

ガンロッカーは、すべての部位が１ミリメートル以上の厚さの鋼鈑である以外に、扉の構造や設備の内部に鎖などの銃を固定する装置を有していることなど、複数の条件があります。

第２編：猟銃及び空気銃の使用・保管等の取扱い

第３章：猟銃・空気銃の使用、保管等についての準則

§３：猟銃・空気銃の保管の一般準則

【問 23】 ○

第 1 編：猟銃及び空気銃の所持に関する法令

第 2 章：猟銃・空気銃の所持に関する法令

§ 5 ：指示及び所持許可の取消し

【問 24】 ○

第 1 編：猟銃及び空気銃の所持に関する法令

第 2 章：猟銃・空気銃の所持に関する法令

§ 6 ：猟銃・空気銃の所持についての遵守事項

【問 25】 ×

（補足解説）

所持許可を更新せずに有効期間が満了すると、取消しではなく〝失効〟となります。

第 1 編：猟銃及び空気銃の所持に関する法令

第 2 章：猟銃・空気銃の所持に関する法令

§ 3 ：所持許可の更新とその手続

【問 26】 ×

（補足解説）

運送業者に内容物を偽って火薬類を運ばせることは違反になります。

第 2 編：猟銃及び空気銃の使用・保管等の取扱い

第 4 章：実包の運搬及び保管についての一般準則

§ 1 ：実包の運搬

【問 27】 ○

第 2 編：猟銃及び空気銃の使用・保管等の取扱い

第 3 章：猟銃・空気銃の使用、保管等についての準則

§ 1 ：猟銃・空気銃の基本的取扱い

【問 28】 ○

第 2 編：猟銃及び空気銃の使用・保管等の取扱い

第 2 章：銃の種類等

§ 2 ：撃発機構及び安全装置

【問 29】 ○

第 1 編：猟銃及び空気銃の所持に関する法令

第 2 章：猟銃・空気銃の所持に関する法令

§ 6 ：猟銃・空気銃の所持についての遵守事項

【問 30】 ×

（補足解説）

銃の保管を猟銃等保管業者に委託することに、条件などはありません。

第１編：猟銃及び空気銃の所持に関する法令

第２章：猟銃・空気銃の所持に関する法令

§６：猟銃・空気銃の所持についての遵守事項

【問 31】 ○

第２編：猟銃及び空気銃の使用・保管等の取扱い

第１章：社会的責任を果たすために

【問 32】 ×

（補足解説）

保管義務違反を犯した場合は、罰金に処せられる場合があります。

第１編：猟銃及び空気銃の所持に関する法令

第２章：猟銃・空気銃の所持に関する法令

§６：猟銃・空気銃の所持についての遵守事項

【問 33】 ○

第２編：猟銃及び空気銃の使用・保管等の取扱い

第３章：猟銃・空気銃の使用、保管等についての準則

§１：猟銃・空気銃の基本的取扱い

【問 34】 ○

第２編：猟銃及び空気銃の使用・保管等の取扱い

第１章：社会的責任を果たすために

【問 35】 ×

（補足解説）

猟銃・空気銃を個人間で譲り受け渡し（有償・無償問わず）する場合は、所持許可を受けた本人が住所地を管轄する警察署に所持許可証を返納します。しかし、銃砲店に譲り渡した場合は、銃砲店が所持許可証を警察署に返納することになっています。

第１編：猟銃及び空気銃の所持に関する法令

第２章：猟銃・空気銃の所持に関する法令

§４：所持許可の失効とその後の手続

【問 36】 ○

第１編：猟銃及び空気銃の所持に関する法令

第２章：猟銃・空気銃の所持に関する法令

§２：所持許可制度

【問 37】 ×

（補足解説）

> 許可を受けた後に輸入しようとする火薬類の種類や数量、目的、陸揚予定地を変更する場合は、許可を新たに受けなおす必要があります。

第１編：猟銃及び空気銃の所持に関する法令

第３章：猟銃用火薬類等に関する法令

【問 38】 ×

（補足解説）

> 次射不能の原因には銃の要素もありますが、肩付けが悪いことや、引き金を引く指の戻しが不十分なことなど、射手に問題がある可能性も考えられます。

第２編：猟銃及び空気銃の使用・保管等の取扱い

第２章：銃の種類等

§２：撃発機構及び安全装置

【問 39】 ○

第２編：猟銃及び空気銃の使用・保管等の取扱い

第２章：銃の種類等

§３：銃の威力と危険範囲

【問 40】 ○

第２編：猟銃及び空気銃の使用・保管等の取扱い

第３章：猟銃・空気銃の使用、保管等についての準則

§１：猟銃・空気銃の基本的取扱い

【問 41】 ○

第２編：猟銃及び空気銃の使用・保管等の取扱い

第３章：猟銃・空気銃の使用、保管等についての準則

§２：使用前の注意事項

【問 42】 ×

（補足解説）

> 例え安全子（セーフティロック）をかけていたとしても、銃に振動が加わると逆鉤が外れて暴発を起こす可能性があるので、実包を装填したまま運搬してはいけません。

第２編：猟銃及び空気銃の使用・保管等の取扱い

第２章：銃の種類等

§２：撃発機構及び安全装置

【問 43】 ×

（補足解説）

> 猟銃や空気銃の所持者は、法定の基準に適合しない銃に改造してはいけません。

第１編：猟銃及び空気銃の所持に関する法令

第２章：猟銃・空気銃の所持に関する法令

§６：猟銃・空気銃の所持についての遵守事項

【問 44】 ○

第１編：猟銃及び空気銃の所持に関する法令

第２章：猟銃・空気銃の所持に関する法令

§６：猟銃・空気銃の所持についての遵守事項

【問 45】 ×

（補足解説）

> ガンロッカーは銃が管理しやすい場所であることが望ましいですが、盗難防止のため、できるだけ人目に付かない場所に設置します。具体的には、自室の押し入れやクローゼット内によく置かれています。

第２編：猟銃及び空気銃の使用・保管等の取扱い

第３章：猟銃・空気銃の使用、保管等についての準則

§３：猟銃・空気銃の保管の一般準則

【問 46】 ○

第１編：猟銃及び空気銃の所持に関する法令

第２章：猟銃・空気銃の所持に関する法令

§６：猟銃・空気銃の所持についての遵守事項

【問 47】 ×

（補足解説）

> 発射する必要が無くなったときは、何よりも先に薬室を解放し脱包します。また、銃を手にしたときも、まず先に薬室を開き、装填されていないことを確認します。

第２編：猟銃及び空気銃の使用・保管等の取扱い

第３章：猟銃・空気銃の使用、保管等についての準則

§１：猟銃・空気銃の基本的取扱い

【問 48】 ×

（補足解説）

> 銃は、使用する人の技量や体力に合わせて適切な物を選定しましょう。

第２編：猟銃及び空気銃の使用・保管等の取扱い

第３章：猟銃・空気銃の使用、保管等についての準則

§２：使用前の注意事項

【問 49】 ×

（補足解説）

技能検定や射撃教習には、射撃場備え付けの猟銃を使用します。猟銃の所持許可が下りるのは技能検定または射撃教習が修了し、所持許可を申請してからになります。

第１編：猟銃及び空気銃の所持に関する法令

第２章：猟銃・空気銃の所持に関する法令

§１：猟銃・空気銃の所持の禁止と除外事由

【問 50】 〇

第１編：猟銃及び空気銃の所持に関する法令

第２章：猟銃・空気銃の所持に関する法令

§３：所持許可の更新とその手続

予想模擬試験・問題解答

4

Shotgun & Rifle

次の記述のうち、正しいものには○を、誤っているものには×を付けなさい。

【問1】

鳥獣保護区で狩猟鳥獣を捕獲したり、非狩猟鳥獣を捕獲することは違反となるが、弾が獲物に命中しなければ違反にはならない。

【問2】

銃に弾丸を装填してよいのは、獲物を確実に確認できたときや、射台に入って射撃の準備が完全に整ったときである。

【問3】

一般人に銃を譲り渡す場合には、必ず銃を手渡しし、所持許可証の原本を対面で確認しなければならない。

【問4】

ガンロッカーなどの保管設備は、必ず柱や壁に固定しておかなければならない。

【問5】

猟銃や空気銃の「所持」とは、物に対する事実上の支配をいい、その形態として携帯と運搬の２つがある。

【問6】

弾が予期せぬ方向に跳ね返る「跳弾」は、コンクリートや竹、固い岩などに弾が高速で命中することで発生する。

【問7】

たとえ実包の譲受許可を2000個受けたとしても、自宅で保管できる実包の数は800個以内である。

【問8】

施錠できる引き出しのあるガンロッカーは装弾ロッカーを兼ねた設計なので、銃と適合実包を一緒に管理することができる。

【問9】

散弾銃は口径のサイズ（番径）が大きければ大きいほど弾は遠くに飛ぶ。

【問10】

大気中では、発射角度が30度のときに最大射程となることなど、猟銃や空気銃の所持者は、どのような場合に最も遠くまで弾が飛ぶかを知っておく必要がある。

【問11】

狩猟目的で使用する猟銃や空気銃は、獲物が飛び出して来たときにすぐに弾を発射できるように、引き金は極力軽くしておくことが望ましい。

【問12】

自殺をするおそれがある人は、猟銃や空気銃の所持許可を受けることができない。

【問 13】

たとえ、分解して銃身だけとなっているときでも銃口は、人のいる方向に向けてはならない。

【問 14】

銃身部や機関部等の接合部分にあるゆるみは「遊び」と呼ばれており、必要な設計である。

【問 15】

猟銃や空気銃を銃砲店に引き渡す時点で許可証に他の有効な許可事項が記載されていない場合、銃と併せて許可証も銃砲店に引き渡す。

【問 16】

技能講習修了証明書の有効期間が満了していたとしても、災害や病気などのやむをえない理由で所持許可が失効した場合、そのやむをえない理由が終わった1カ月以内であれば、射撃教習を受講することなく猟銃の所持許可を受けることができる。

【問 17】

銃の所持者が道路交通法違反で罰金の刑に処せられた場合は、都道府県公安委員会はその所持許可を取り消すことができる。

【問 18】

旅客機を利用して猟銃用火薬類等を運搬する場合には、盗難を防止するために手荷物として機内に持ち込む必要がある。

【問 19】

猟銃の安全装置は、引き金の動きを止める作用しかない。

【問 20】

実包の管理状況を記載する帳簿には、ライフル銃については、実包の名称を記載する必要がある。

【問 21】

技能講習の種類は、「ライフル銃」、「ライフル銃以外の猟銃」、「空気銃」の3種類がある。

【問 22】

銃の盗難や紛失は、銃を使った凶悪犯罪につながる危険性のある重大な事件である。

【問 23】

狩猟で獲物に照準をつけるときは、とにかく獲物の存在にだけ集中をして、周囲の状況はなるべく見ないようにしたほうがよい。

【問 24】

「構造・機能の基準維持義務違反」とは、たとえば散弾銃の弾倉を3発以上装塡できるものに変更した場合などが該当する。

【問 25】

銃の盗難だけでなく、実包などの火薬類の盗難も、重大犯罪につながる危険性がある。

【問 26】

狩猟等では、獲物がどこにいるかわからない。そのため銃には弾を装填したまま移動をしたほうが良い。

【問 27】

猟銃や空気銃の所持者は、配偶者以外には銃に触れさせることがないよう日頃から注意しておくことが大切である。

【問 28】

公共交通機関には持ち込める実包や火薬の量が決まっているので、それをオーバーする場合は同行者複数人で分担して持つようにする。

【問 29】

空気銃とは、火薬を燃焼したガスでピストンを押して空気を圧縮し、金属性弾丸を発射する銃である。

【問 30】

警察官から許可証の提示を求められたのにこれを拒んだ者は、罰金に処せられる場合がある。ただし「自宅に忘れた」などの理由があれば、その限りではない。

【問 31】

「用心金」とは、引き金が不用意に動いて発砲することのないよう、引き金のまわりを囲んである金具である。

【問 32】

実包の譲り受けや消費、製造などに係る証拠の書類は、検査のときに直ちに示せるようにしておく必要がある。

【問 33】

所持許可を受けた猟銃や空気銃の同一性を失わせる程度に改造した場合、その許可は失効する。

【問 34】

射撃に関するルール違反やマナー違反で注意を受けたときは素直に従わなければならない。

【問 35】

徹底した銃の操作練習は、心の余裕となり、銃による事故を防ぐ効果がある。

【問 36】

木の葉、雪などの異物が銃腔内に詰まったまま射撃をしても、高圧で吹き飛ばされるため特に問題は起こらない。

【問 37】

散弾の散布範囲は広範囲であるため、発射前の安全確認はできるだけ広い範囲の確認を行うことが必要である。

【問 38】

既に所持許可証の交付を受けている人が別の銃について新たに所持許可を受けた場合、新しい所持許可証が発行される。

【問 39】

猟銃や空気銃の所持許可は、「狩猟」、「有害鳥獣駆除」、「標的射撃」といった目的のある者が申請し受け取ることができる。

【問 40】

自身が所持する猟銃や空気銃の構造を熟知することは、危険を防止するうえで重要である。

【問 41】

実包又は金属性弾丸が6発以上（散弾銃は3発以上）の弾倉を銃に取り付けるのは違反だが、このような弾倉を所持しているぶんには違反にはならない。

【問 42】

空気銃の口径は、4.5 ミリメートルと 5.5 ミリメートルのものが一般的である。

【問 43】

引っ越しなどで住所が変わったときは、所持許可証の書換えを受けなければならない。

【問 44】

所持許可の交付を受けた後は、いかなる理由があっても条件が付されることは無い。

【問 45】

手詰め（ハンドローディング）で装弾を製造することは危険性も大きいため、火薬類の取扱いは慎重をきさなければならない。

【問 46】

跳弾とは、竹や岩などに弾を命中させて、発射した弾を獲物に命中させる射撃の高等テクニックである。

【問 47】

狩猟中に用心金に指を入れて良いのは、獲物が確実に確認できた場合に限られる。

【問 48】

新しく所持した猟銃を友人に見せるために、友人宅まで銃を運搬することには違法性は無い。

【問 49】

居宅内であっても、銃を壁に立てかけておくなど、家族等が自由に持ち出せる状態にしている場合には、自ら保管しているとはいえない。

【問 50】

猟銃・空気銃を所持できるというのは民間人の権利である。その銃をどのように扱うかについては、国が介入するべき話ではない。

予想模試試験４の解答

問1	×	問11	×	問21	×	問31	○	問41	×
問2	○	問12	○	問22	○	問32	○	問42	○
問3	×	問13	○	問23	×	問33	○	問43	○
問4	×	問14	×	問24	○	問34	○	問44	×
問5	×	問15	○	問25	○	問35	○	問45	○
問6	○	問16	×	問26	×	問36	×	問46	×
問7	○	問17	×	問27	×	問37	○	問47	○
問8	×	問18	×	問28	×	問38	×	問48	×
問9	×	問19	○	問29	×	問39	○	問49	○
問10	○	問20	○	問30	×	問40	○	問50	×

【問１】 ×

（補足解説）

たとえ撃った弾が獲物に命中しなくても、鳥獣保護区内や非狩猟鳥獣に向けて発砲した場合は狩猟行為とみなされて違反となります。

第１編：猟銃及び空気銃の所持に関する法令

第４章：狩猟に関する法令

【問２】 ○

第２編：猟銃及び空気銃の使用・保管等の取扱い

第３章：猟銃・空気銃の使用、保管等についての準則

§１：猟銃・空気銃の基本的取扱い

【問３】 ×

（補足解説）

個人間で銃を譲受け・譲渡しをする場合でも、運送業者を利用して銃をやり取りすることができます。ただし、運送前に相手方から許可証の提示を受けた上で、配達時には運送業者が本人確認書類を確認するよう要求しておく必要があります。

第１編：猟銃及び空気銃の所持に関する法令

第２章：猟銃・空気銃の所持に関する法令

§６：猟銃・空気銃の所持についての遵守事項

【問4】 ×

（補足解説）

ガンロッカーは、ガンロッカーごと盗み出されないように、柱や壁に固定することが望ましいといえます。ただし、必ずしも柱や壁に固定する必要は無く、ガンロッカー内に重りを入れるなどで対応することも可能です。

第１編：猟銃及び空気銃の所持に関する法令
第２章：猟銃・空気銃の所持に関する法令
§６：猟銃・空気銃の所持についての遵守事項

【問5】 ×

（補足解説）

猟銃や空気銃の「所持」には、携帯（人が持って歩く）と運搬（車などに積んで移動する）に加え、〝保管〟（自宅のガンロッカーに入れておく）も含まれます。

第１編：猟銃及び空気銃の所持に関する法令
第２章：猟銃・空気銃の所持に関する法令
§１：猟銃・空気銃の所持の禁止と除外事由

【問6】 ○

第２編：猟銃及び空気銃の使用・保管等の取扱い
第３章：猟銃・空気銃の使用、保管等についての準則
§１：猟銃・空気銃の基本的取扱い

【問7】 ○

第１編：猟銃及び空気銃の所持に関する法令
第３章：猟銃用火薬類等に関する法令

【問8】 ×

（補足解説）

どのような理由があっても、銃と実包などを一緒の設備内で保管することはできません。引き出しのあるガンロッカーは、先台や撃針などを分離して保管するときに使います。

第１編：猟銃及び空気銃の所持に関する法令
第２章：猟銃・空気銃の所持に関する法令
§６：猟銃・空気銃の所持についての遵守事項

【問9】 ×

（補足解説）

散弾銃の番径と弾の最大到達距離は関係ありません。例えば、20番９号の実包と、12番９号の実包は、口径のサイズは違いますが、中に入っている弾の大きさは同じです。

第２編：猟銃及び空気銃の使用・保管等の取扱い
第２章：銃の種類等
§３：銃の威力と危険範囲

【問 10】 ○

第２編：猟銃及び空気銃の使用・保管等の取扱い

第２章：銃の種類等

§３：銃の威力と危険範囲

【問 11】 ×

（補足解説）

引き金の重さが軽すぎると、銃に衝撃が加わっただけで暴発する危険性が高まります。よって猟銃や空気銃は、射撃用では1.5 kg以上、狩猟用は２kg以上が安全の目安とされています。

第２編：猟銃及び空気銃の使用・保管等の取扱い

第２章：銃の種類等

§２：撃発機構及び安全装置

【問 12】 ○

第１編：猟銃及び空気銃の所持に関する法令

第２章：猟銃・空気銃の所持に関する法令

§２：所持許可制度

【問 13】 ○

第２編：猟銃及び空気銃の使用・保管等の取扱い

第３章：猟銃・空気銃の使用、保管等についての準則

§１：猟銃・空気銃の基本的取扱い

【問 14】 ×

（補足解説）

銃の「遊び」は、引き金に指をかけたときに軽く感じる部分のことです。銃身部や機関部の接合部にあるゆるみは「遊び」ではなく、故障の可能性があります。

第２編：猟銃及び空気銃の使用・保管等の取扱い

第３章：猟銃・空気銃の使用、保管等についての準則

§２：使用前の注意事項

【問 15】 ○

第１編：猟銃及び空気銃の所持に関する法令

第２章：猟銃・空気銃の所持に関する法令

§４：所持許可の失効とその後の手続

【問 16】 ×

（補足解説）

たとえやむをえない理由であったとしても、技能講習修了証明書の交付から３年以上経過してしまうと、その効力は失われます。再び猟銃の所持許可を受ける場合は、射撃教習を受講する必要があります。

第１編：猟銃及び空気銃の所持に関する法令
第２章：猟銃・空気銃の所持に関する法令
§３：所持許可の更新とその手続

【問 17】 ×

（補足解説）

所持許可が取り消しを受ける要件は、銃刀法違反・火取法違反で〝罰金〟の刑に処せられた場合です。また、どのような罪状に関わらず〝禁錮刑〟以上の罪に処せられた場合も、所持許可は取り消されます。

第１編：猟銃及び空気銃の所持に関する法令
第２章：猟銃・空気銃の所持に関する法令
§５：指示及び所持許可の取消し

【問 18】 ×

（補足解説）

旅客機内に火薬類を持ち込むことはできません。通常は受託手荷物として航空会社に預けますが、会社によって厳しい規制があるので、それに従う必要があります。

第１編：猟銃及び空気銃の所持に関する法令
第３章：猟銃用火薬類等に関する法令

【問 19】 ○

第２編：猟銃及び空気銃の使用・保管等の取扱い
第２章：銃の種類等
§２：撃発機構及び安全装置

【問 20】 ○

第１編：猟銃及び空気銃の所持に関する法令
第２章：猟銃・空気銃の所持に関する法令
§６：猟銃・空気銃の所持についての遵守事項

【問 21】 ×

（補足解説）

空気銃の技能講習はありません。

第１編：猟銃及び空気銃の所持に関する法令
第２章：猟銃・空気銃の所持に関する法令
§３：所持許可の更新とその手続

【問 22】 〇

第２編：猟銃及び空気銃の使用・保管等の取扱い

第３章：猟銃・空気銃の使用、保管等についての準則

§３：猟銃・空気銃の保管の一般準則

【問 23】 ×

（補足解説）

> 銃で獲物を狙う際は、引き金を引く最後の最後まで周囲の状況に気を配り、少しでも発射に不安を感じたら発射を止めましょう。

第２編：猟銃及び空気銃の使用・保管等の取扱い

第３章：猟銃・空気銃の使用、保管等についての準則

§１：猟銃・空気銃の基本的取扱い

【問 24】 〇

第１編：猟銃及び空気銃の所持に関する法令

第２章：猟銃・空気銃の所持に関する法令

§６：猟銃・空気銃の所持についての遵守事項

【問 25】 〇

第２編：猟銃及び空気銃の使用・保管等の取扱い

第１章：社会的責任を果たすために

【問 26】 ×

（補足解説）

> 狩猟では獲物がいつどこから飛び出してくるかわかりませんが、このような場合も銃に弾を入れたまま移動してはいけません。銃に弾を装填するのは、猟場の射撃ポイントに到着し足場が確定した状態、または獲物が確実に視認できた状態などに限ります。

第２編：猟銃及び空気銃の使用・保管等の取扱い

第３章：猟銃・空気銃の使用、保管等についての準則

§１：猟銃・空気銃の基本的取扱い

【問 27】 ×

（補足解説）

> たとえ配偶者であっても、銃を他人に触れさせてはいけません。

第２編：猟銃及び空気銃の使用・保管等の取扱い

第３章：猟銃・空気銃の使用、保管等についての準則

§３：猟銃・空気銃の保管の一般準則

【問 28】 ×

（補足解説）

許可を受けていない同行者に、実包や火薬類を預けることはできません。

第２編：猟銃及び空気銃の使用・保管等の取扱い

第４章：実包の運搬及び保管についての一般準則

§１：実包の運搬

【問 29】 ×

（補足解説）

空気銃では火薬の燃焼ガスを利用しません。火薬を使用する銃は空気銃ではなく「装薬銃」に分類されます。

第２編：猟銃及び空気銃の使用・保管等の取扱い

第２章：銃の種類等

§１：銃の種類

【問 30】 ×

（補足解説）

銃を携帯・運搬中は、必ず所持許可証の原本を携帯しておく必要があります。たとえ自宅にあったとしても、不携帯で処罰されます。

第１編：猟銃及び空気銃の所持に関する法令

第２章：猟銃・空気銃の所持に関する法令

§６：猟銃・空気銃の所持についての遵守事項

【問 31】 ○

第２編：猟銃及び空気銃の使用・保管等の取扱い

第３章：猟銃・空気銃の使用、保管等についての準則

§１：猟銃・空気銃の基本的取扱い

【問 32】 ○

第１編：猟銃及び空気銃の所持に関する法令

第２章：猟銃・空気銃の所持に関する法令

§６：猟銃・空気銃の所持についての遵守事項

【問 33】 ○

第１編：猟銃及び空気銃の所持に関する法令

第２章：猟銃・空気銃の所持に関する法令

§４：所持許可の失効とその後の手続

【問 34】 ○

第２編：猟銃及び空気銃の使用・保管等の取扱い

第３章：猟銃・空気銃の使用、保管等についての準則

§１：猟銃・空気銃の基本的取扱い

【問 35】 ○

第２編：猟銃及び空気銃の使用・保管等の取扱い

第１章：社会的責任を果たすために

【問 36】 ×

（補足解説）

銃腔内に異物が詰まった状態で射撃をすると異常高圧が発生し、銃身が破裂することがあります。

第２編：猟銃及び空気銃の使用・保管等の取扱い

第３章：猟銃・空気銃の使用、保管等についての準則

§２：使用前の注意事項

【問 37】 ○

第２編：猟銃及び空気銃の使用・保管等の取扱い

第３章：猟銃・空気銃の使用、保管等についての準則

§１：猟銃・空気銃の基本的取扱い

【問 38】 ×

（補足解説）

すでに所持許可を受けている人が、２丁め以降の銃を所持する場合、すでに持っている所持許可証に追加される形で記載されます。

第１編：猟銃及び空気銃の所持に関する法令

第２章：猟銃・空気銃の所持に関する法令

§２：所持許可制度

【問 39】 ○

第１編：猟銃及び空気銃の所持に関する法令

第２章：猟銃・空気銃の所持に関する法令

§２：所持許可制度

【問 40】 ○

第２編：猟銃及び空気銃の使用・保管等の取扱い

第２章：銃の種類等

§２：撃発機構及び安全装置

【問 41】 ×

（補足解説）

違反性のある弾倉は、所持しているだけで違反になります。

第１編：猟銃及び空気銃の所持に関する法令

第２章：猟銃・空気銃の所持に関する法令

§６：猟銃・空気銃の所持についての遵守事項

【問 42】 ○

第２編：猟銃及び空気銃の使用・保管等の取扱い

第２章：銃の種類等

§３：銃の威力と危険範囲

【問 43】 ○

第１編：猟銃及び空気銃の所持に関する法令

第２章：猟銃・空気銃の所持に関する法令

§２：所持許可制度

【問 44】 ×

（補足解説）

所持許可が下りたあとでも、「銃を猟銃等保管業者に保管させること」などのように条件が追加されることもあります。

第１編：猟銃及び空気銃の所持に関する法令

第２章：猟銃・空気銃の所持に関する法令

§２：所持許可制度

【問 45】 ○

第２編：猟銃及び空気銃の使用・保管等の取扱い

第４章：実包の運搬及び保管についての一般準則

§２：火薬類の保管

【問 46】 ×

（補足解説）

跳弾は偶発的に発生するため、弾がどこに飛んでいくか予想がつかない危険な現象です。

第２編：猟銃及び空気銃の使用・保管等の取扱い

第３章：猟銃・空気銃の使用、保管等についての準則

§１：猟銃・空気銃の基本的取扱い

【問 47】 ○

第２編：猟銃及び空気銃の使用・保管等の取扱い

第３章：猟銃・空気銃の使用、保管等についての準則

§１：猟銃・空気銃の基本的取扱い

【問 48】 ×

（補足解説）

> 猟銃や空気銃は、所持許可を受けた用途（＋修理や銃検などの理由）でなければ、携帯や運搬はできません。「友人に銃を見せに行く」というのは、正当な理由として認められません。

第１編：猟銃及び空気銃の所持に関する法令

第２章：猟銃・空気銃の所持に関する法令

§６：猟銃・空気銃の所持についての遵守事項

【問 49】 ○

第１編：猟銃及び空気銃の所持に関する法令

第２章：猟銃・空気銃の所持に関する法令

§６：猟銃・空気銃の所持についての遵守事項

【問 50】 ×

（補足解説）

> 猟銃・空気銃は一つ間違えると、重大な事故や犯罪が起こる危険性の高い道具です。所持者には「事故や犯罪が起こらないように、しっかりと管理しなければならない」という理念が国から求められています。

第１編：猟銃及び空気銃の所持に関する法令

第１章：猟銃・空気銃所持者の社会的責任

予想模擬試験・問題解答

5

Shotgun & Rifle

次の記述のうち、正しいものには○を、誤っているものには×を付けなさい。

【問 1】

ライフル銃には薬室を含めて6発まで装填できるが、状況に応じて必要最低限の個数を装填したほうが良い。

【問 2】

狩猟の用途で猟銃や空気銃を所持したのであれば、何よりも獲物を捕獲することが大事である。獲物が現れたらすぐに射撃ができるように、素早い発砲ができるよう努力をする必要がある。

【問 3】

住居を建て替えるなどの特別な事情が発生した場合は、銃を猟銃等保管業者に預ける「委託保管」をすることが望ましい。

【問 4】

猟銃の撃発機構で、「撃針」とは打撃を受け火花を放ち、火薬を燃焼させるものをいう。

【問 5】

装弾ロッカーは、盗難防止に配意した場所に設置しなければならない。

【問 6】

所持許可が失効してから50日を経過したときは、都道府県公安委員会は猟銃や空気銃の提出を命じることができる。ただし、仮領置することはできない。

【問 7】

猟銃や空気銃の所持許可を申請する場合、都道府県公安委員会は、全ての許可申請に対して、必ずしも承認しない場合がある。

【問 8】

銃メーカーが出す取扱説明書を読むだけでなく、自身が所持する銃の扱いに慣れてそのクセを把握しておくことも、危険を防止するうえで重要である。

【問 9】

実包の管理状況を記載する帳簿には、製造、譲受け、消費、廃棄の4つの項目を記録しておけばよい。

【問 10】

銃を所持したい者は、都道府県公安委員会が発行する銃の所持免許を受ける必要がある。

【問 11】

実包を自身が運転する車で運搬する場合でも、盗難や紛失に注意しなければならない。

【問 12】

実包を隙間のある状態で箱詰めして運搬すると、運搬中に実包が傷つくおそれがあるので、衣類と一緒に梱包して送ったほうが良い。

【問 13】

猟銃・空気銃の所持許可を受けている者が、日常的に暴力を振るうような態度を取るようになったとしても、所持許可が取り消されることはない。

【問 14】

猟銃や空気銃の所持経験が長い人は、銃の安全な取り扱いに長けているので、銃の扱い方に危険性を感じたとしても注意するべきではない。

【問 15】

銃を新しく所持許可を受けた者に譲り渡した場合、許可の抹消手続きや許可証の返納は譲り渡した者が行わなければならない。

【問 16】

保管設備のない射撃場では、銃を常に自分の身の回りに置いて管理しなければならない。

【問 17】

射撃場でどうしても銃を肩に掛ける必要があるときは、人のいる方向に銃口を向けないよう細心の注意を払わなければならない。

【問 18】

銃本体に取り付けられたポンプを操作し、蓄圧室に高圧空気を蓄えて金属製弾丸を発射する構造の空気銃を「ポンプ式空気銃」という。

【問 19】

銃が故障した場合、所持許可の有効期限が来るまでに修理をするか、手放すかを決めなければならない。

【問 20】

射撃場や猟場を問わず、猟銃や空気銃を発射するときは事前に周囲の安全を十分に確認しなければならない。

【問 21】

自動銃は排莢・装填を自動で行えるのが最大の長所である。そのため、銃には常に最大数の３発を装填しておいたほうが良い。

【問 22】

初めて所持する銃の選定に迷ったときは、射撃指導員等の意見を参考にすると良い。

【問 23】

狩猟者登録を受けた者等が鳥獣の捕獲等のために、１日に実包と空包の合計 400 個以下の猟銃等火薬類等を消費する場合は、許可を要さない。

【問 24】

猟銃や空気銃の所持許可の更新を受けようとする者で、有効期間が満了する５か月前から１か月前までの期間に道路交通法の講習予備検査を受けていることを証明する書類を提示すれば、認知機能検査を受検する必要はない。

【問 25】

弾丸は、重さや形状によって最大到達距離や威力が変わる。

【問 26】

猟銃の所持許可の更新申請には、教習修了証明書を提示する必要がある。

【問 27】

都道府県公安委員会が必要と認めたときは、所持許可を受けた者に対し、必要な報告を求めたり、指定する医師の診断を受けることを命ずることができる。ただし、仕事先などのプライベートな相手に報告を求めることはできない。

【問 28】

許可証に記載された一部の銃の所持許可のみが失効したときは、警察署において失効した銃の所持許可事項の抹消を受けなければならない。

【問 29】

散弾銃とライフル銃の両方を使用して狩猟を行う人は、狩猟期間ごとに散弾銃・ライフル銃の両方を使って射撃の練習を行うように努めなければならない。

【問 30】

遅発が起きた場合は、すぐさま機関部を開いて脱包しなければならない。

【問 31】

引き金の「遊び」とは、引き金を引き始めたときに感じる動きが軽い状態から、徐々に重みが増して逆鉤が作動するまでの範囲のことを言う。

【問 32】

先台を装着したときは、先台の下部を叩くと外れる可能性があるので、なるべく触れないようにする。

【問 33】

銃を譲り受けるときには、所持許可証を相手に提示、もしくは所持許可証をカラーコピーした紙面を提示しなければならない。

【問 34】

実包を消費した場合、その種類や数量、消費した年月日、消費した場所を帳簿に記載しなければならない。

【問 35】

銃と適合実包は同一の建物内で保管してはいけない。この定めに例外は無い。

【問 36】

許可を受けた猟銃や空気銃を所持している者が、家族に修理のために預けた場合、家族も本人と同様に法律違反となる。

【問 37】

散弾銃の口径は、通常「ミリメートル」で表記される。

【問 38】

初心者講習修了証明書、又は経験者講習修了証明書は、許可又は許可の更新時において、証明書の交付の日から３年を経過していないことが必要である。

【問 39】

ライフル銃を使用するときは、危害防止のため、発射角度を付けて撃ち上げるように発射するべきである。

【問 40】

長期出張中に子供がイタズラで銃を持ち出さないように、妻にガンロッカーの鍵を預けておくことにした。

【問 41】

実包を装填するときは、実包を装填することだけでなく、銃口が向いている方向も常に注意しなければならない。

【問 42】

銃を携帯、運搬、保管する際は、薬室にゴミやほこりが溜まらないように、閉鎖しておくことが望ましい。

【問 43】

ライフル銃は散弾銃の散弾や空気銃の金属製弾よりも、最大到達距離は長い。

【問 44】

「猟場」には狩猟者登録を行った者しか入れないので、登山者などがいることはない。

【問 45】

現に猟銃や空気銃の所持許可を受けていなくても、都道府県公安委員会から練習資格認定証の交付を受けた人は、射撃練習を行うことができる。

【問 46】

猟銃や空気銃を携帯中、警察官に許可証の提示を求められた場合には、これを提示しなければならない。

【問 47】

狩猟や射撃大会のため、保管設備のない場所に宿泊する場合であっても、所持者が盗難や事故を防ぐための措置をとることが必要である。

【問 48】

猟銃や空気銃は、都道府県知事の許可や認定を受けることにより所持することができる。

【問 49】

銃砲店に猟銃を引き渡して所持許可の数が０になった場合、所持許可証と併せて火薬類の譲受許可証も引き渡さなければならない。

【問 50】

猟場で竹やぶや石垣等に向けて発射すると、跳弾が発生して危険である。

予想模試試験５の解答

問1	○	問11	○	問21	×	問31	×	問41	○
問2	×	問12	×	問22	○	問32	×	問42	×
問3	○	問13	×	問23	×	問33	×	問43	○
問4	×	問14	×	問24	○	問34	○	問44	×
問5	○	問15	○	問25	○	問35	×	問45	○
問6	×	問16	○	問26	×	問36	○	問46	○
問7	○	問17	○	問27	×	問37	×	問47	○
問8	○	問18	○	問28	○	問38	○	問48	×
問9	×	問19	×	問29	○	問39	×	問49	×
問10	×	問20	○	問30	×	問40	×	問50	○

【問1】 ○

第２編：猟銃及び空気銃の使用・保管等の取扱い
第３章：猟銃・空気銃の使用、保管等についての準則
§１：猟銃・空気銃の基本的取扱い

【問2】 ×

(補足解説)

銃の所持者には、なによりも事故を防ぐという心構えが大切です。獲物に対して銃を構えたときでも、周囲状況に少しでも違和感を覚えたら、銃を下ろすような自制心を身に付けなければなりません。

第２編：猟銃及び空気銃の使用・保管等の取扱い
第１章：社会的責任を果たすために

【問3】 ○

第１編：猟銃及び空気銃の所持に関する法令
第２章：猟銃・空気銃の所持に関する法令
§６：猟銃・空気銃の所持についての遵守事項

【問4】 ×

(補足解説)

撃針は実包や空包の〝雷管〟を叩くための部品であり、撃針から火花が出るわけではありません。

第２編：猟銃及び空気銃の使用・保管等の取扱い
第２章：銃の種類等
§２：撃発機構及び安全装置

【問5】 ○

第２編：猟銃及び空気銃の使用・保管等の取扱い

第４章：実包の運搬及び保管についての一般準則

§２：火薬類の保管

【問6】 ×

（補足解説）

所持許可が失効して50日を経過しても所持を続けている場合、公安委員会は銃の提出を命令するだけでなく、その銃を仮領置することがあります。

第１編：猟銃及び空気銃の所持に関する法令

第２章：猟銃・空気銃の所持に関する法令

§４：所持許可の失効とその後の手続

【問7】 ○

第１編：猟銃及び空気銃の所持に関する法令

第２章：猟銃・空気銃の所持に関する法令

§２：所持許可制度

【問8】 ○

第２編：猟銃及び空気銃の使用・保管等の取扱い

第２章：銃の種類等

§２：撃発機構及び安全装置

【問9】 ×

（補足解説）

実包管理帳簿には、製造・譲渡し・譲受け・交付し・交付され・消費・廃棄の７つの項目を記録します。

第１編：猟銃及び空気銃の所持に関する法令

第２章：猟銃・空気銃の所持に関する法令

§６：猟銃・空気銃の所持についての遵守事項

【問10】 ×

（補足解説）

銃の所持は〝許可〟であり〝免許〟ではありません。

第１編：猟銃及び空気銃の所持に関する法令

第２章：猟銃・空気銃の所持に関する法令

§２：所持許可制度

【問11】 ○

第１編：猟銃及び空気銃の所持に関する法令

第３章：猟銃用火薬類等に関する法令

【問 12】　×

（補足解説）

実包などの火薬類を、他の物を梱包して送るのは禁止されています。

第２編：猟銃及び空気銃の使用・保管等の取扱い

第４章：実包の運搬及び保管についての一般準則

§１：実包の運搬

【問 13】　×

（補足解説）

他人に暴力を振るうなど所持許可を与えておくことがふさわしくないと公安委員会が判断した場合、所持許可を取り消される場合があります。

第１編：猟銃及び空気銃の所持に関する法令

第２章：猟銃・空気銃の所持に関する法令

§５：指示及び所持許可の取消し

【問 14】　×

（補足解説）

猟銃や空気銃の所持歴が長いからといって、その人が必ず安全な銃の取扱いができているという保証はありません。例え年長者であっても間違った扱い方をしていたら、注意し合わなければなりません。

第２編：猟銃及び空気銃の使用・保管等の取扱い

第３章：猟銃・空気銃の使用、保管等についての準則

§１：猟銃・空気銃の基本的取扱い

【問 15】　〇

第１編：猟銃及び空気銃の所持に関する法令

第２章：猟銃・空気銃の所持に関する法令

§６：猟銃・空気銃の所持についての遵守事項

【問 16】　〇

第２編：猟銃及び空気銃の使用・保管等の取扱い

第３章：猟銃・空気銃の使用、保管等についての準則

§３：猟銃・空気銃の保管の一般準則

【問 17】　〇

第２編：猟銃及び空気銃の使用・保管等の取扱い

第３章：猟銃・空気銃の使用、保管等についての準則

§１：猟銃・空気銃の基本的取扱い

【問 18】 ○

第２編：猟銃及び空気銃の使用・保管等の取扱い

第２章：銃の種類等

§１：銃の種類

【問 19】 ×

（補足解説）

故障した銃を放置していた場合、構造・機能の基準維持義務違反となります。速やかに修理に出すか、処分をする場合は銃砲店に引き取ってもらいます。

第１編：猟銃及び空気銃の所持に関する法令

第２章：猟銃・空気銃の所持に関する法令

§６：猟銃・空気銃の所持についての遵守事項

【問 20】 ○

第２編：猟銃及び空気銃の使用・保管等の取扱い

第３章：猟銃・空気銃の使用、保管等についての準則

§１：猟銃・空気銃の基本的取扱い

【問 21】 ×

（補足解説）

狩猟で自動銃を使う場合でも、猟場の状況や獲物の種類などを考慮して、必要最低限の装填数にとどめておくべきです。

第２編：猟銃及び空気銃の使用・保管等の取扱い

第３章：猟銃・空気銃の使用、保管等についての準則

§１：猟銃・空気銃の基本的取扱い

【問 22】 ○

第２編：猟銃及び空気銃の使用・保管等の取扱い

第３章：猟銃・空気銃の使用、保管等についての準則

§２：使用前の注意事項

【問 23】 ×

（補足解説）

狩猟で実包や空包を消費する場合は、１日に合計 100 個までであれば、消費の許可を受ける必要はありません。

第１編：猟銃及び空気銃の所持に関する法令

第３章：猟銃用火薬類等に関する法令

【問 24】 ○

第１編：猟銃及び空気銃の所持に関する法令

第２章：猟銃・空気銃の所持に関する法令

§３：所持許可の更新とその手続

【問 25】 ○

第２編：猟銃及び空気銃の使用・保管等の取扱い

第１章：社会的責任を果たすために

【問 26】 ×

（補足解説）

教習修了証明書の有効期間は１年間なので、銃を更新するときには必ず期限切れになっています。更新申請には技能講習修了証明書、または技能講習を免除されていることを示す証明書類を提示します。

第１編：猟銃及び空気銃の所持に関する法令

第２章：猟銃・空気銃の所持に関する法令

§３：所持許可の更新とその手続

【問 27】 ×

（補足解説）

都道府県公安委員会が必要と認めたときは、公務所（市役所など）や団体（例えば猟友会など）に、所持許可を受けた者に関する報告を求めることができます。

第１編：猟銃及び空気銃の所持に関する法令

第２章：猟銃・空気銃の所持に関する法令

§６：猟銃・空気銃の所持についての遵守事項

【問 28】 ○

第１編：猟銃及び空気銃の所持に関する法令

第２章：猟銃・空気銃の所持に関する法令

§４：所持許可の失効とその後の手続

【問 29】 ○

第１編：猟銃及び空気銃の所持に関する法令

第２章：猟銃・空気銃の所持に関する法令

§６：猟銃・空気銃の所持についての遵守事項

【問 30】 ×

（補足解説）

遅発が発生した場合は、10 秒程度そのままの姿勢で銃口を安全な方向に向けます。10 秒経っても弾が発射されない場合は「不発」と判断して、機関部を取り出して脱包します。

第２編：猟銃及び空気銃の使用・保管等の取扱い

第３章：猟銃・空気銃の使用、保管等についての準則

§１：猟銃・空気銃の基本的取扱い

【問 31】 ×

（補足解説）

引き金の「遊び」（テイクアップ）は、引き金を引き始めたときに、動きが軽くなる部分から、逆鉤に作用して重みが乗るまでの範囲を指します。

第２編：猟銃及び空気銃の使用・保管等の取扱い

第２章：銃の種類等

§２：撃発機構及び安全装置

【問 32】 ×

（補足解説）

先台を装着したときは、先台の下部を軽く叩いて、確実に装着されているか確認してください。少し叩いただけで外れるようであれば、故障が発生している可能性があります。

第２編：猟銃及び空気銃の使用・保管等の取扱い

第３章：猟銃・空気銃の使用、保管等についての準則

§２：使用前の注意事項

【問 33】 ×

（補足解説）

銃を譲り受けるときは、必ず所持許可証の原本を提示しなければなりません。印刷した物で代用はできません。

第１編：猟銃及び空気銃の所持に関する法令

第２章：猟銃・空気銃の所持に関する法令

§２：所持許可制度

【問 34】 ○

第１編：猟銃及び空気銃の所持に関する法令

第２章：猟銃・空気銃の所持に関する法令

§６：猟銃・空気銃の所持についての遵守事項

【問 35】 ×

（補足解説）

自宅付近で有害鳥獣が頻繁に出没しているようなやむを得ない状況においては、銃と実包を同一の建物内で保管することが認められています。

第１編：猟銃及び空気銃の所持に関する法令

第２章：猟銃・空気銃の所持に関する法令

§６：猟銃・空気銃の所持についての遵守事項

【問 36】 ○

第１編：猟銃及び空気銃の所持に関する法令

第２章：猟銃・空気銃の所持に関する法令

§１：猟銃・空気銃の所持の禁止と除外事由

【問 37】 ×

（補足解説）

> 散弾銃の口径はミリ表記ではなく、「12 番、16 番、20 番…」といった「番径」（ゲージ）で表記がされています。

第２編：猟銃及び空気銃の使用・保管等の取扱い

第２章：銃の種類等

§３：銃の威力と危険範囲

【問 38】 ○

第１編：猟銃及び空気銃の所持に関する法令

第２章：猟銃・空気銃の所持に関する法令

§２：所持許可制度

【問 39】 ×

（補足解説）

> ライフル弾や散弾銃のスラッグ弾は、撃ち上げると思わぬところまで飛ぶ危険性があります。発射する際は、必ず後ろに柔らかい土壁などのバックストップがあることを確認しましょう。

第２編：猟銃及び空気銃の使用・保管等の取扱い

第２章：銃の種類等

§３：銃の威力と危険範囲

【問 40】 ×

（補足解説）

> 長期で不在する場合でも、ガンロッカーの鍵を他人に預けることはできません。この場合、銃は猟銃等保管業者（銃砲店など）に委託保管をするべきです。

第２編：猟銃及び空気銃の使用・保管等の取扱い

第３章：猟銃・空気銃の使用、保管等についての準則

§３：猟銃・空気銃の保管の一般準則

【問 41】 ○

第２編：猟銃及び空気銃の使用・保管等の取扱い

第３章：猟銃・空気銃の使用、保管等についての準則

§１：猟銃・空気銃の基本的取扱い

【問 42】 ×

（補足解説）

銃の薬室は発射時以外は開放しておくことがマナーです。このとき薬室にはゴミが入らないように、ハンカチなどを挟んでおきましょう。

第２編：猟銃及び空気銃の使用・保管等の取扱い
第３章：猟銃・空気銃の使用、保管等についての準則
§１：猟銃・空気銃の基本的取扱い

【問 43】 〇

第２編：猟銃及び空気銃の使用・保管等の取扱い
第２章：銃の種類等
§３：銃の威力と危険範囲

【問 44】 ×

（補足解説）

日本の狩猟制度は「乱場制」とも呼ばれており、狩猟が行える「猟場」は、ごく普通の里山や森林だったりします。よって狩猟者だけでなく、仕事やレジャーなどを目的とした人もいる可能性があります。

第２編：猟銃及び空気銃の使用・保管等の取扱い
第３章：猟銃・空気銃の使用、保管等についての準則
§１：猟銃・空気銃の基本的取扱い

【問 45】 〇

第１編：猟銃及び空気銃の所持に関する法令
第２章：猟銃・空気銃の所持に関する法令
§２：所持許可制度

【問 46】 〇

第１編：猟銃及び空気銃の所持に関する法令
第２章：猟銃・空気銃の所持に関する法令
§６：猟銃・空気銃の所持についての遵守事項

【問 47】 〇

第１編：猟銃及び空気銃の所持に関する法令
第２章：猟銃・空気銃の所持に関する法令
§６：猟銃・空気銃の所持についての遵守事項

【問 48】 ×

（補足解説）

銃の所持許可は都道府県公安委員会が許可を出します。都道府県知事ではありません。

第１編：猟銃及び空気銃の所持に関する法令
第１章：猟銃・空気銃所持者の社会的責任

【問 49】 ×

（補足解説）

銃砲店に銃を引き渡して所持許可の数が0になった場合、所持許可証は銃砲店に引き渡します。ただし、火薬類の譲受許可証は自身で警察署に返納します。

第１編：猟銃及び空気銃の所持に関する法令

第３章：猟銃用火薬類等に関する法令

【問 50】 ○

第２編：猟銃及び空気銃の使用・保管等の取扱い

第３章：猟銃・空気銃の使用、保管等についての準則

§１：猟銃・空気銃の基本的取扱い

●協力団体

一般社団法人日本猟用資材工業会
www.saama-japan.com/

●協力企業＜工業会会員企業・50音順＞

株式会社 國友銃砲火薬店
www.kunitomogs.co.jp/
株式会社 サイトロンジャパン
www.sightron.co.jp/
ダイセルパイロテクニクス株式会社
daicel-pyrotechnics.com/
日邦工業 株式会社
nippokogyo.co.jp/
株式会社 ミロク製作所
www.miroku-jp.com/

●協力企業＜50音順＞

株式会社 トウキョウジュウホウ
www.guns.co.jp/
有限会社豊和精機製作所
shop.howaseiki.com/

●アンケート協力者（敬称略）

湯本貴彦（長野県）
浅井裕太（大阪府）
三宅 新（京都府）
タワ（兵庫県）
匿名希望（東京都）
しまとら（千葉県）
匿名希望（群馬県）
奥村 裕樹（北海道）
人口最小県のシューター（鳥取県）
匿名希望（京都府）

●イラスト・製作協力

ゆきちまる
Twitter：@Yukichimaru3
株式会社 チカト商会
chikatoshoukai.com/

本書サポートWebページ
https://www.shuwasystem.co.jp/support/7980html/6998.html

法改正に完全対応！
クレー射撃、狩猟へのファーストステップ！
猟銃等講習会（初心者講習）考査
絶対合格テキスト＆予想模擬試験５回分
[第６版]

発行日　2023年 6月10日　第1版第1刷
　　　　2024年12月 5日　第1版第2刷

著　者　猟銃等講習会初心者講習考査調査班

発行者　斉藤　和邦
発行所　株式会社　秀和システム
〒135-0016
東京都江東区東陽2-4-2　新宮ビル2F
Tel 03-6264-3105（販売）Fax 03-6264-3094
印刷所　三松堂印刷株式会社　Printed in Japan

ISBN978-4-7980-6998-2 C0075

定価はカバーに表示してあります。
乱丁本・落丁本はお取りかえいたします。
本書に関するご質問については、ご質問の内容と住所、氏名、電話番号を明記のうえ、当社編集部宛FAXまたは書面にてお送りください。お電話によるご質問は受け付けておりませんのであらかじめご了承ください。